选择幸福

娜理幸福　著

本书设计了两大部分共计八章内容。以幸福生活为核心主线，从三个常见幸福误区开始，从寻找幸福生活到实现幸福生活，从个体心理三步到实现幸福生活的幸福三步，从构建幸福信念、提升幸福觉察和实施幸福行动，再到总结提出实现幸福生活的万能公式和三张地图，逻辑完整、结构清晰地讲透了如何深度挖掘内心想要的幸福生活和实现幸福生活的方法论。

本书结合心理学科普内容和心理咨询个案，通过觉察练习、正念生活方式和表达性书写练习等内容，给读者提供从当下就可以置身幸福生活的“魔法”。

图书在版编目（CIP）数据

选择幸福/娜理幸福著. —北京：机械工业出版社，2022.4
ISBN 978-7-111-70718-9

Ⅰ.①选…　Ⅱ.①娜…　Ⅲ.①幸福-通俗读物　Ⅳ.①B82-49

中国版本图书馆 CIP 数据核字（2022）第 078035 号

机械工业出版社（北京市百万庄大街 22 号　邮政编码 100037）
策划编辑：梁一鹏　　　　责任编辑：梁一鹏
责任校对：张亚楠　刘雅娜　封面设计：吕凤英
责任印制：张　博
中教科（保定）印刷股份有限公司印刷
2022 年 8 月第 1 版第 1 次印刷
169mm×239mm · 12 印张 · 185 千字
标准书号：ISBN 978-7-111-70718-9
定价：68.00 元

电话服务　　　　　　　　　网络服务
客服电话：010-88361066　机　工　官　网：www.cmpbook.com
　　　　　010-88379833　机　工　官　博：weibo.com/cmp1952
　　　　　010-68326294　金　　书　　网：www.golden-book.com
封底无防伪标均为盗版　　机工教育服务网：www.cmpedu.com

2011 年，我开始学习心理学，之后成为心理咨询师，并长期在社区做家庭心理科普志愿服务。十年来，在众多来访咨询和团体辅导课程中，我发现个体心理冲突中多数源自人们不相信自己可以幸福，这一幸福误区使很多人无法在生活中获得幸福感受。他们不相信自己可以获得幸福体验，就不会主动去寻找幸福，幸福体验出现时不敢投入幸福中，这都是幸福能力不足的体现。

2020 年春节，我决定写一本幸福主题的心理自助书籍，鼓励更多读者在生活中获得幸福体验，实现幸福生活。无论过去发生了什么，也不管生活现状如何，当你开始选择幸福时，你的生活就会发生变化。实际上，从你主动选择要幸福的那一刻开始，你就已经生活在幸福生活中了。

本书以幸福为主题，定位是心理学赋能生活的心理自助书籍。我希望读者翻开这本书，如同翻开一本关于幸福生活的“魔法”书，帮助自己去构建幸福生活，并在书中方法的引领下，在自我觉察工具和自我练习中，实现幸福生活。

幸福生活不是静态不变的人生目标，而是内心状态的投射。更为重要的是，当你认同幸福生活可以通过主动选择来实现时，意味着你握住了自己生活的罗盘。主动选择幸福，意味着你总是有选择，生活不会落入绝境，意味着你总是可以根据自己喜欢、向往和期待的方向去选择生活内容，意味着你成为自己生命的主人，这就是幸福生活啊。幸福生活无须等到未来，当下就可以实现。

一、幸福能力不足已是普遍现象

随着经济社会发展，人们的生存和安全需求基本得到满足，越来越多的个体开始注重精神领域建设和心理健康发展，开始探索马斯洛需求层次中的精神需求领域，包括关注自身情感和尊严需要、社会归属感和价值感构建，对自我实现和贡献社会的探索，寻找人生意义和想要实现心中的幸福生活，部分社会群体的心理发展进入生命意义探索阶段。

同时，社会生活快节奏发展的趋势加大了个体内心冲突，诸如“007”“996”等社会发展中出现的特定社会现象促使更多人开始思考当下生活体验和未来生活方向之间的关系。他们既想要达成未来生活愿景，也想要获得当下生活的积极生活体验，而对这两方面需要产生的内心失调，常常使他们处于内在心理矛盾的状态中，导致当下体验不佳和对未来充满焦虑。人们内心非常渴望获得幸福生活的“魔法”，既可以获得当下生活的美好体验，又可以拥有愿景未来的幸福生活。

互联网通信技术助力了经济高效发展，提升了即时沟通便利，同时增加了个体内心的焦虑感，影响个体获得幸福体验。便利的即时通信将个体当下的体验过程打得支离破碎，个体很难有大块时间专注地投入自己喜欢的领域，而带来幸福的心流体验就更加少得可怜，生活体验深度受到严重影响。

在紧张的生活节奏和无法获得自我存在感的生活状态中，个体几乎切断了与真实内心的连接，焦虑和抑郁情绪感受交替出现几乎是内心体验常态。简化生活，专注当下，获得幸福体验的心流，进而获得幸福生活体验，成为很多人内心的渴望。而这些生活体验变化都需要个体提升自身的幸福能力，才能获得幸福体验，从而实现幸福生活。

二、选择幸福是获得幸福的前提

结合个案咨询案例和心理科普实践，我一直在思考和总结提升个体幸福能力的途径。心理咨询侧重陪伴来访者通过自我探索和深入自我认知的方式来找到心中的幸福生活方向，破局生活困境，找到人生主线。实际上，大多数人都具有心理自愈能力，可以实现心理自助式调节和自我成长。与心理咨询不同，图书代表的传播方式真的很棒，可以从一般意义上为读者提供具体意见和实施步骤，并且能够广泛地帮助和影响更多读者关注幸福生活和提升幸福能力。于是，我开始构思本书的内容。

由于长期做个案咨询工作，并在社区做心理科普志愿服务，我有机会跟很多人聊生活、聊感受，探索方向，助力他们的成长。我发现，很多人生活体验不幸福的根本原因就是幸福能力不足，包括不相信自己可以幸福，不敢去体验幸福，以及不知道如何实现幸福。更重要的是，人们在从“我知道想要什么”到“实现自己想要”之间缺少具体的实施步骤，不知道该如何进行，这也是他们“知道了那么多依然过不好这一生”的根源。

目前，以“幸福”为核心词或主题的心理自助类书籍绝大多数围绕心理科普知识展开，重点介绍个体心理健康发展和预防心理不健康状态的相关内容，缺少对个体寻找整体人生幸福生活方向和心中想要幸福生活具体内容的挖掘，更很少涉及如何实现幸福生活的具体路径和步骤。于是，我进一步明确地将本书以“选择幸福”作为核心主题，同时将心理科普内容和实现幸福生活的具体方式结合起来，以帮助读者找到幸福生活，更重要的是实现幸福生活。

我相信，关注幸福生活和精神领域发展的读者不仅仅希望获得当下的积极体验，也希望可以在未来实现心中的幸福生活，而且更加关注如何提升幸福能力，包括心理健康能力、个体物质领域发展和社会关系和谐的平衡式人生发展。进一步说，关注此领域的读者需要心理学、经济学和社会学三大领域综合内容的支持和引导，以帮助自己寻找和实现幸福生活。

恰好，我在经济学、心理学和社会学三大领域都有过学习经历和从业经历，在本书中我将个体人生发展的物质生活、精神生活和社会生活中关于幸福生活主题的内容要素有机结合，同时结合多年来我在咨询案例和心理科普方面的实践，满足读者对寻找和实现幸福生活的内在需求。

三、实现幸福生活的方法论

我在本书开篇就明确提出，“幸福，是一种健康的积极情绪体验，人人可以获得。同时，幸福也是一种心理健康能力，人人可以习得。幸福的关键在于生活的一切是否是自己选择。”这直接明了地表达了我的幸福生活观点——“选择幸福才可能获得幸福体验和实现幸福生活”。

经过与机械工业出版社编辑的深入探讨和反复研磨，本书设计了两大部分，共计八章内容。以幸福生活为核心主线，从三个常见幸福误区开始，从“寻找幸福生活”到“实现幸福生活”，从个体“心理三步”到实现幸福生活的“幸福三步”，从构建幸福信念、提升幸福觉察和实施幸福行动，再到总结提出实现幸福生活的“万能公式”和“三张地图”，逻辑完整、结构清晰地讲明了如何深度挖掘内心想要的幸福生活和实现幸福生活的方法论，见图。

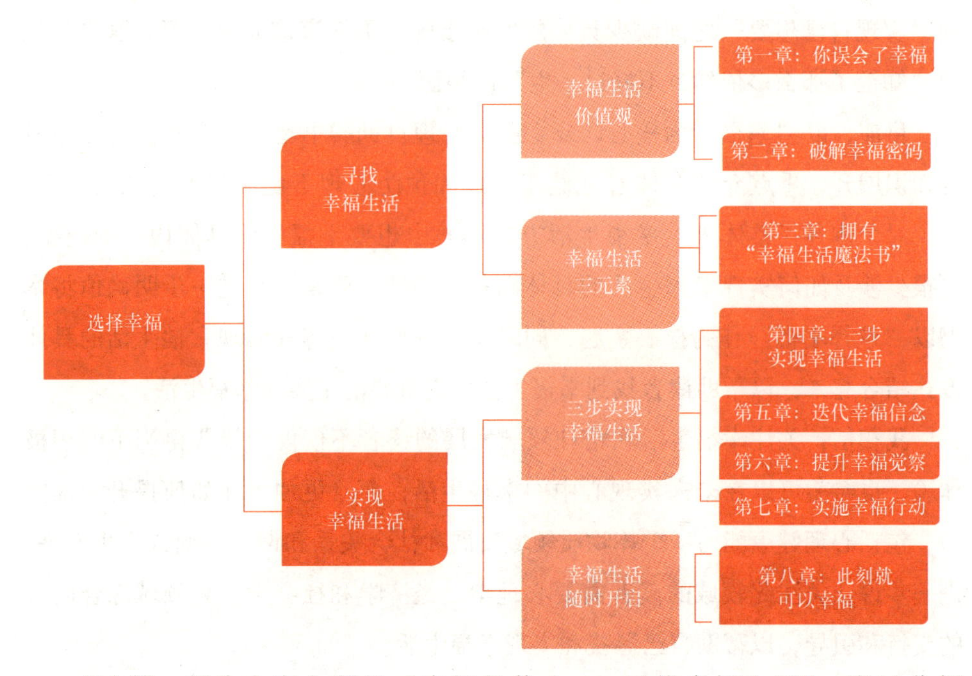

书中第一部分内容主题是“幸福是什么——寻找幸福生活”。通过分析“幸福靠运气”“越努力越幸福”“证明自己值得幸福”三种常见幸福误区开始，导入幸福的定义，即你选择“幸福是什么，你就将在哪里获得幸福体验”。同时，以个体简化心理过程“心理三步”为核心理论基础部分，分别从定义幸福、随时幸福、幸福行动、幸福动力、幸福耐力和敢于幸福等内容展开讲述了七个幸福密码，帮助读者开始进入“幸福是什么”的思考和觉察中。接着，通过系列觉察练习帮助读者呈现内心想要的幸福生活，构建“幸福魔法书”，获得当下就可以幸福的魔法，并提出了“心流当下、美好未来”的幸福价值观，同时对幸福生活涵盖的时间、关系和财富等三大内容进行了详细阐述。

书中第二部分内容主题是“幸福在哪里——实现幸福生活”。承接第一部分，在幸福生活魔法书中，读者获得一张清晰的幸福生活内容清单，想要的幸福生活内容都在其中。第二部分内容帮助读者将自己确定想要的幸福生活变成现实，此部分内容继续以人的“心理三步”为理论基础，阐述了实现幸福生活的“幸福三步”。通过三章内容，分别从迭代幸福信念、提升幸福觉察和实施幸福行动等三个方面阐述如何实现幸福生活。最后一章总结全文，提出了实现幸福生活的“万能公式”和三张实现生活的幸福地图，并提出了按下生活重启键的幸福生活倡议，再次引起读者共鸣和唤起幸福行动：选择幸福就是按下生活重启键，幸福生活此刻就开始了。

本书通过心理学自我觉察练习、正念生活方式和表达式书写练习等内容，给读者提供从当下就可以置身于自己内心幸福生活的“魔法”。这是一本帮助想要进化自己、优化生活的读者找到并实现幸福生活的心理自助书。

四、你可以这样使用这本书

怎么读？你可以从本书的任何一处读起，有兴趣读才最重要。书中每一章中的二级标题都是并列内容，你可以从任何一个感兴趣的内容开始读，清晰结构和导引式标题内容提供了亲和力极佳的阅读动线。当然，你也可以从开篇按顺序阅读，这也是我的建议，从头开始通读一遍，再从你感兴趣的地方开始再读一遍，你会有不一样的体会，这也是我的读书方法，推荐给你。

怎么写？我在每节设置了与本主题内容有关的觉察笔记，帮助你在读后第一时间运用心理自助内容进行深入自我觉察，进一步寻找心中想要的幸福生活，不断辨识可以实现幸福生活的路径。这些觉察笔记如同心理咨询师随时在你的身边引导你深入自我内心一样，你可以按顺序去写这些觉察内容，也可以跳着写，更有效果的方式是反复去觉察和记录，记得写上日期，这样你会看到自己的成长和变化。

怎么用？心理科普方式已经从传统的“传播知识”转向“体验成长”，你可以通过阅读和使用书中内容“参与”到自我心理成长和幸福能力提升的过程中。在阅读过程中，加入个体体验、经历感受和自我能动，将自己置身于书中的内容，仿佛参与体验式心理辅导，获得心理成长体验。你一定要准备一本“幸福生活魔法书”，你会看到自己和生活的神奇变化，这些变化都是一点一点的积累，这些积累就是幸福生活的魔法。请一定按照书中给出的方法、步骤和工具，在“幸福生活魔法书”中记录幸福生活的实现过程，你会发现从选择幸福开始，你就已经置身于幸福生活中了。

五、人生 40 岁，花开正适时

本书出版时，我已经 40 岁了，我完成了自己幸福生活内容清单中的重要一项：成为可以影响他人的写作者。这本书，是我主动选择幸福生活后，时间给我的“答案”。这本书，更是送给亲爱的读者的礼物，你要有信心，相信自己可以实现内心想要的幸福生活，且随时可以重启生活去实现幸福生活，因为你值得幸福。

亲爱的你，去过主动选择的幸福生活吧，幸福生活从来无须等待，此刻就可以实现。

娜理幸福

contents

目录

第二部分
幸福在哪里——实现幸福生活

第一部分

幸福是什么——寻找幸福生活

人人想要获得幸福。幸福是什么？幸福是选择幸福生活状态的过程体验，是敢于选择幸福生活的心理能力。如果你在生活中极少体验到幸福，极大可能是你没有选择幸福，或者你不敢选择幸福，以及你还没有敢于选择幸福的心理能力。你不选择幸福，幸福如何到来？

第一章 你误会了幸福

幸福的关键在于，生活的一切是自己的选择，如果你主动选择健康的积极情绪体验，提高心理健康能力，就可以获得幸福体验。幸福体验来自主动选择心中想要的幸福生活，并通过努力创造去实现幸福生活的过程中。

但是，很多人对幸福存在认知信念和行为选择的误区，包括不相信自己能够获得幸福体验，不敢体验幸福感受，以及不愿意去学习如何提高幸福能力，这些都是没有选择幸福的表现。如果以上某一条说中了你，那么你可能进入了“幸福误区”，你的认知信念和行为选择影响了你的幸福体验。

一、幸福靠运气

不相信自己可以幸福，是很多人无法体验幸福感受的最深认知信念误区之一。不相信自己可以获得幸福体验，个体就不会主动去寻找幸福，反而选择停留在原地，等待幸福“砸”中自己。

他们将幸福视同于“运气”，认为获得幸福是“中头彩”，这种看待幸福的认知方式和生活态度将自己的“幸福按钮”交了出去，自己失去了获得幸福的选择权。这样，他们的幸福体验就真的是看运气了，因为他们认为幸福与否不由自己控制。

幸福，不是运气，而是一种选择。

心理学家曾做过著名的“半杯水实验”，说明了人们对待某一事实会选择截然不同的认知和态度。悲观的人面对半杯水说："我就剩下半杯水了。"而乐观的人则说："我还有半杯水呢!"可见，能够选择积极视角看待生活的人，更容易获得幸福体验感。幸福，不是运气，而是一种选择。仅仅是"我选择"这一具有积极属性的内心动力，就可以让你拥有生活掌控感的积极体验。

退一步看，即使你认定"幸福靠运气"这一认知信念，也不意味你对获得幸福体验失去了全部掌控权，你依然可以选择幸福。比如，你可以选择"我运气好"的自我信念，这一自我信念是对世界和事实的积极视角解读。反之，你觉得自己运气不好，对世界和事实选择了悲观的解读方式，就习以为常地形成了"我运气差"的自我信念，那么你就真的会常常运气差，因为人的行动结果会不自觉地去印证自己的认知信念。

从"幸福靠运气"到"我运气好"，这是一种积极视角的自我认知转变，建立了个体选择幸福的掌控感，选择积极视角去解读生活和建立自我认知，是获得幸福体验的基础，也是幸福能力的提升。接纳你无法改变的部分，选择你可以掌控的部分，从被头脑中"原装信念"支配的被动生活走向主动选择，幸福生活就开始了。等待不会幸福，主动选择幸福，才会获得幸福。

如果你依然不想调整"幸福靠运气"这一认知信念，也可以自我接纳。但是，我建议你可以增加一个新的认知内容——"好运气是创造出来的"，并采取积极行动去"创造"自己的好运气。"创造好运气"的行动选择可为获得幸福这一好运气的到来铺平道路。鲁迅先生说，"世上本没有路，走的人多了，也便成了路。"同样，在通往人生幸福体验的道路上，你需要主动行动起来，去选择幸福，为自己铺设一条专属的幸福通道。

以我写作本书为例，如何获得被读者喜欢的好运气呢？或者说，我如何"创造好运气"呢？答案是用心写作，打磨每一个字，带给读者趣味盎然、轻松实用的心理自助知识内容，以此感谢读者将宝贵的时间和注意力放在我的文字内容上。本书中的每一个字，都是我为自己创造好运气和铺设幸福道路的"幸福金砖"，每一个字的呈现都是我"创造好运气"的积极行动。

要为自己"创造好运气"，需要一定的计划，这个计划包含三个重要元素：

目标、资源和判断。计划的前提是要对自己有深入认识，比如自己喜欢什么、擅长什么，以此设定具体目标，所谓方向先于行动，行动产生变化，就是如此。想获得好运气，就要先找到好运气的方向，再采取行动，慢慢走向它。我喜欢写作，热爱分享心理成长类知识，并希望可以通过写作影响更多读者，帮助他们提升心理健康水平，获得幸福体验，这是我的幸福目标。当你找到“创造好运气”的目标之后，幸福体验就开始了。

设定“创造好运气”计划后，要进行资源梳理，包括自身能力、人脉关系、社会地位、财富资源等，有什么就用什么，无须等待完美后再开始。只要开始了“创造好运气”的行动，幸福体验就有机会来临。想“创造好运气”，还需要勤于思考，常常实践，锻炼捕捉准确“好运气”机会的能力，能够通过学习、研究不断调整“创造好运气”计划。

建立“好运气是创造出来的”的认知信念，意味着你也建立了“幸福是创造出来的”的认知信念。因此，幸福不是运气，幸福是主动“创造好运气”过程中的自然体验。

对改变的恐惧　阻碍了你选择幸福。

持有“幸福靠运气”认知信念的人认为，幸福是被动获得的，是他人的给予，这一认知阻碍了自己主动选择去体验幸福感受和学习获得幸福的能力，这一认知信念背后的心理动力是对主动选择改变的恐惧。

大多数情况下，面对现实的“不满”和主动选择改变的“不敢”，我们往往会选择前者，就是继续忍受对现实的“不满”。因为大脑喜欢熟悉和明确的信息，总是优先处理熟悉信息。熟悉让我们感觉安全。比如，生活中交同一类朋友，上下班路线选择走同一条路，选择喝同一种口味饮料等。总之，大脑总是优先处理习惯性信息，因为这样不用费心，不用劳神，更加不会恐惧。

即使目前的生活体验感是深深的“不满”，我们也会选择继续忍受，直到生活糟糕到谷底，或许才会意识到需要改变生活。为什么？因为我们对“不满”的环境和行动更熟悉，而对“未知”充满了恐惧。未知，太令人感到害怕了；熟悉，真的让人感觉心安。主动选择改变，就是选择“未知”，而对“未知”的恐惧使得自己“身未动，心先怕”，恐惧感阻止了主动选择改变的行动。

如果此刻的你感觉内心稳定、平静滋养，那真的是太幸运了，你已经沉浸在此刻的“幸福生活”中了。然而，由于人的身体感受和内心体验均有适应性效应，舒适感受和幸福体验无法永远长期保持在某种“不变”的环境中。即使你对目前生活感觉舒适，但是在长时间“重复又熟悉”的生活中，积极感受体验会渐渐模糊、减弱。“不变”不会获得长久幸福，而“变化”才是获得幸福体验的土壤。这种“变化”不一定需要外在物理环境和社会关系的更新，更重要的是提升幸福能力，从整体上获得幸福生活体验，比如正念生活方式，后面会详细介绍这部分内容。

如果你在生活中常常自怨自艾，负面感受充溢，身体健康受损，人际关系紧张，哪怕只有一条，也要注意了，这是内在心力耗损严重的提示信号。你需要在生活中增加幸福体验，为你的内在心理健康“充电”，你必须做出改变，打破当下的生活状态，寻找带给自己滋养感受的生活方式。试试去寻找并选择心中想要的幸福体验，至少不会比现在还差吧。

觉察笔记 1　幸福体验

在安静的环境中，内心平静地去感受“幸福”体验。你可以回忆过去带给你“幸福体验”的时刻或场景，也可以去想象你想要的幸福场景，即使现实中还没有发生或实现也没有关系，当你体验到“幸福”感受时，尝试记录此刻的想法和感受。

1. 过去或未来的幸福体验时刻分别是什么？写出此时你的想法：

____。

2. 你认为自己是否可以获得幸福？写出此时你的想法：

____。

3. 你是否认为“幸福靠运气”才能获得？写出此时你的想法：

____。

二、越努力越幸福

30 岁之前，我的一切生活按照“幸福计划”进行。从东北小镇考学出来，读硕，留京，嫁给初恋，生了可爱的女儿，有房有车，我给自己设定的幸福目标在30岁之前都实现了，一切看起来都很“幸福”。

30年来，我一直坚信并践行“越努力越幸福”的理念，这是我的幸福信念。我坚信“想要收获幸福，先要付出努力”，我不断获得世界给予的正向结果反馈，验证着这个幸福信念是有效的。于是，我的认知信念里将“努力”设定为获得“幸福”的前提条件。

从不怀疑头脑中的“原装信念”。

每个人都活在自己绘制的“世界地图”里，以自己独特的视角去解读世界和周围发生的事情，而这一解读方式与基因遗传、家庭环境和成长经历等均有关系。我爸妈是东北小镇城乡接合部菜市场的劳动者，“手停嘴停”的生活模式让他们坚信“想要收获幸福，先要付出努力”。

他们通过勤劳过上了吃饱穿暖的富足日子，并将这一宝贵的生活信念传承给我。于是，“越努力越幸福”成为我头脑中的“原装信念”，并且在生命的前30年里不断去验证它是正确而有效的，我始终坚信并践行“越努力越幸福”的认知信念。

当“原装信念”植入个体的“世界地图”里，并且在生活中越运用就越有甜头时，个体会笃定自己的认知信念和行为选择是对的，渐渐地，这些认知信念就从父母那里传承过来，经过不断的生活练习和应用，熟能生巧般植入自己的心理潜意识领域。就如同当面对“如何幸福”时，大脑优先选择了“越努力越幸福”这个“原装信念”，因为习惯变成自然，大脑优先选择熟悉的信息。

当你误以为自己主观解读视角下的世界是真实的世界时，会以此按图索骥地去生活，很少去反思自己头脑中的“原装信念”，除非生活主动“打醒”你。2013年，我工作发展接连失败，“越努力越幸福”的认知信念和行为选择失灵了。

自己一直笃信的信念失灵之后，我仿佛进入生活绝境之中。“越努力越幸福”一直以来都好用啊，世界给我的反馈都是积极正向的，究竟哪里出错了呢？我整个人都懵怔了，迷茫笼罩着自己。我兢兢业业工作，勤勤恳恳加班，努力做到最好，这些“努力”应该获得升职加薪的“幸福”回报。升职加薪之后，我才会幸福啊，这是“幸福计划”里的内容。

找不到原因，于是我开始逃避和推卸责任，都是别人的错。我认定“越努力越幸福”这一信念没错，我既然没错，就不需要改变。逃避和推卸短期内确实缓解了我的情绪压力，但是，当我认定自己没有错，都是别人的问题时，我也将可以修正和改变生活的主动选择权交了出去。既然此时生活不顺利，而改变的主动权又不在我这里，我的生活彻底失控了，我连选择改变的机会都没有了。

失控的生活迅速产生了消极情绪的多米诺骨牌效应，以至于我的价值信念、态度感受和行为选择都不对劲了，整个心灵领域乱了。我进入消极体验世界中，对着电脑会莫名地泪流满面；上班路上，会沉重无比，有全身湿哒哒的感觉；回到家，在楼下重整精神状态，做好心理调整，呈现出貌似积极的状态才会上楼回家。我的身体也随之出现问题，体内激素分泌开始紊乱，抑郁情绪状态开始攻击身体，我得了慢性弥漫性甲状腺炎，紧接着是过敏性哮喘。一直好用的幸福信念失灵了，我的“幸福计划”在崩塌。

“努力”不是获得幸福体验的前提条件。

我开始反思，“越努力越幸福”为什么有时候有效，有时候失灵。比如，少吃多运动可以成功减重，而职场努力不一定会升职加薪。为什么？我不断地探索答案。

在对“幸福是什么”的不断探索中，我开始明白：幸福是过程感受，不是结果状态。我将努力后的结果设定为“幸福”，而忽视了“努力过程”才是幸福体验的来源。“越努力越幸福”在自我学习领域不断地去实施和应用，总是可以获得世界的正向反馈，我想要收获好成绩，付出时间和精力去学习、提高自己，研究如何提高成绩，并实施行动，最终获得好成绩，这是“努力结果”；同时在体力、精力和心力专注成长的“努力过程”中收获了幸福体验。也就是说，当“越努力越幸福”应用在过程和结果合二为一的领域时，自然可以获得幸福体验。

然而，“越努力越幸福”这一信念强调了“努力”是“幸福”的前提，同时认为“幸福”是“努力”的结果，这意味着在努力过程中去体验积极情绪感受的注意力被转移到关注自己是否在“努力”，从而忽视了过程的积极体验，同时形成了“不努力就不会幸福”的负面心理暗示，失去了坦然接受好运机会和他人帮助的心理弹性，以及造成了“努力过程”不可以有积极体验的认知想法。

持有“幸福”是“努力”必然结果的认知信念，会导致自己的注意力紧盯着“我幸福了吗”这一“努力结果”，失去了创造幸福过程的美好体验，更失去了对努力过程体验的专注感受，而将注意力放在“努力过程”中，恰恰就是幸福体验本身。比如此刻专注于读这本书，以及主动选择关注积极体验和学习以获得幸福能力。

自己想要什么样的生活体验，想要什么样的幸福感受，直接去体验就好了，不需要在自己和幸福体验之间设置任何条件和路障。

觉察笔记 2　努力体验

请在安静的环境中回忆过去和目前你做过的“越努力越幸福”的事情或情景，并将它们记录下来。

1. 过去或现在你做过的“越努力越幸福”的事情或情景，描写越详细越好：

____。

2. 此刻你认为幸福是什么？越详细越好：

____。

3. 此刻你幸福吗？写下你的想法和感受：

____。

三、证明自己值得幸福

最初，你关于幸福体验的认知信念和行为选择来自于家庭，形成于童年期。童年期形成“我是好的”“我值得被爱”的自我信念，决定了幸福体验的感受程度和获得幸福的心理健康能力。

起初，个体的“自我”信念形成于原生家庭，构建于养育过程中与父母或重要养育者的互动关系，在各种社会关系中得以复制，需要不断证明自己值得幸福的内在心理模式会在更多关系中展现。

不允许自己直接去体验幸福。

原生家庭的养育关系模式和自我信念的形成没有缜密且一一对应的因果关系，但是“自我”信念的体系架构和个体对世界的解读方式，与童年的养育方式有高度密切的关系。

精神分析理论认为，在童年养育中，个体被积极回应和看到，感受到被关注、被尊重、被回应，意味着获得了爱，个体会建立“世界对我是接纳的”和“世界是善意的”等认知信念体系，心理层面的抽象“自我”大概率会形成“我是好的”“我值得好的”的认知信念。这些积极视角的自我信念在“自我”和幸福之间建立了直达路径，意味着个体可以直接去体验幸福，允许自己选择幸福。

反之，在童年养育中，个体被忽视，甚至被无视，感受到的是“世界对我并不在意”和“世界充满恶意”，甚至一些童年遭遇的心灵创伤在某种程度上使“自我”大概率形成“我不值得被爱”“我要证明值得被爱”的自我信念，这些消极视角的自我信念在自己和幸福之间建立了“幸福路障”，意味着个体不允许自己直接幸福，需要“绕路”去幸福，他得先证明“我是好的”“我值得被爱”，再去体验幸福感受。

尽管你给自己制订了“幸福计划”，也常常设定“我是好的”“我值得被爱”的心理暗示，但是在追求幸福体验的过程中，很多时候你会毫无察觉地滑入心理潜意识领域，继续“绕路”去实现幸福。

比如，你要通过努力工作、勤奋学习去证明自己是有价值的，值得获得幸福体验。在没有出现“幸福计划”中的目标结果之前，你根本不敢去体验过程中的幸福感受。或者说，在没有证明自己值得被爱之前，你不允许自己体验幸福。

如果选择先证明自己“我是好的”“我值得被爱”，再去体验幸福感受，意味着获得幸福的行动选择并非发自滋养心灵和提升心理健康能力，而是为了获得外部认可，或者仅仅是为了获得关注，满足渴望被爱的需要。这些“幸福路障”统统都是外部认可，这些外部认可偷走了你的“幸福按钮”，你失去了拥有幸福的掌控感和获得幸福的选择权。这些行动是“绕路”，不是去直接幸福。

存在就是价值，无须证明。

近年来，很多新兴的心理学理论提出“过去不影响现在”，认为童年的成长经历不影响当下的幸福体验感受，此刻的自己随时可以选择获得幸福体验。比如，积极心理学就认为仅仅将看待世界的视角从消极转变为积极，就可以提升自身的幸福感受力。这真的非常让人振奋，给予我们很大信心让自己成长，选择幸福。

关于幸福的“原装信念”来自于童年和家庭，我们无法选择童年成长环境，被养育过程也无法重来，但这些源自实证研究的心理学结论重新赋予我们对幸福的选择权，就是我们可以从“原装信念”控制的被动生活走向自己“选择幸福”的主动生活。

在我过往的心理咨询案例中，很多来访者的心理冲突就体现在不停地努力证明自己，身心疲惫之后，依然无法允许自己停下；或者物质生活丰富、财富围绕左右，依然不允许自己获得幸福体验感受；又或者总是在攻下一个又一个的“胜利”中，不断地证明自己有价值，证明自己值得幸福。

事实上，个体并不需要证明自己有价值。因为我们存在于世界，本身就是价值。当我们能够领悟到这一点，并能够建立“存在就是价值”的认知信念时，就放下了向外界去证明自己的动力欲望和行为选择了，这相当于清除了“幸福路障”，打通了内心直接去体验幸福的道路。

构建“存在就是价值”这一认知信念，可以帮助个体直接去体验幸福。自己设立的“幸福路障”，要自己去拔除。用新的认知代替旧的认知，用新的行为去迭代旧的行为，多次反复，直至建立新的大脑神经回路，进而植入心理潜意识领域。《幸福的科学》作者在书中写道：“提升幸福水平的一大重要方式就是去除生活中的幸福杀手，同时理解并培养相应的能提高幸福水平的习惯。”

在家庭中，父母因为孩子的到来而喜悦，孩子感觉到自己“存在就是价值”，孩子自己也会因为自己存在于世界而觉得欣喜，内心确认“我是受欢迎的”“我是好的”“我值得被爱”。于是，孩子心中的“幸福按钮”就启动了，给予“自我”生命更多动力和能量去探索世界，因为孩子内心对自己被爱有稳稳的把握，他可以直接去体验幸福。

心中握有稳稳被爱能量的个体，不会急于消耗能量和资源去证明自己存在的价值，更不会去设置“幸福路障”，因为他们知道自己存在本身就已经是最大的生命意义了。父母对他们成长过程中给予的关注、尊重和爱，让他们不必在证明自己这件事情上去耗损过多的时间和精力，他们仅仅要做的是将稳定的“自我”放至内心，根据内心喜爱的方向去沉浸在生活中，而幸福体验就自然出现了。这些个体有一个共同的特点，就是能够专注于当下正在做的事。活在当下、获得幸福感，这不就是幸福生活嘛。

证明自己值得幸福是一种内在心理模式，当你觉察到自己一直在亲手设置这个“幸福路障”时，你可以选择停一停，感知自己还有哪些“幸福路障”，接纳这一“原装信念”，尝试去替换它们，或者直接去体验幸福感受就好了。

觉察笔记 3　证明自己

请在安静的环境中完成。回忆过去和目前你做过的“证明自己值得幸福”的事情或情景，将它们记录下来，同时写出当时或目前的想法、感受和行动，以及挖出其中设置的“幸福路障”。

1. 过去或目前，你做过的“证明自己值得幸福”的事情或情景，描写得越详细越好：

____。

2. 你是否允许自己直接去体验幸福，为什么？

____。

3. 尝试写出你头脑中来自原生家庭的幸福“原装信念”：

____。

本章小结（见图 1-1）：

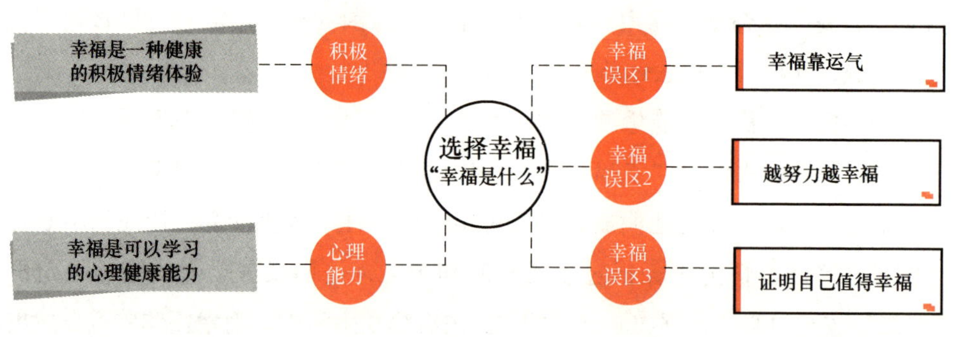

图 1-1

第二章

破解幸福密码

幸福，是一种健康的积极情绪体验。情绪来自个体对世界的主观态度体验和行为选择，这意味着改变态度视角和调整行为选择，个体就有机会获得幸福体验，而这一切都可以通过个体主动选择获得，幸福的主动权在自己手里。

幸福，是一种可学习的心理健康能力。心理能力可以通过学习、实践和不断练习获得提升，个体通过调整思维认知、行为选择和态度视角，就可以提升幸福体验能力，幸福按钮永远在自己手中。选择幸福，就可以获得幸福。

幸福是一种提升幸福能力后的积极情绪体验。幸福能力来自认知信念上的主动选择幸福、情绪体验上的觉察幸福和行动选择上的创造幸福。个体幸福能力提升后，内心向往的幸福生活会自然呈现，幸福体验马上就开始了。

一、心理三步——人类心理简化过程

人类的心理过程极其复杂。随着脑科学和实证心理学的发展，心理学对人类心理特点和现象规律的研究逐渐深入，但是人类内心之谜依然难以完全破解。哪怕是自己，也难说完全了解自己的内在心理活动。

为了便于理解，本书将人类复杂的心理过程简化为认知信念、情绪感受和行为选择三个步骤，并将“认知信念→情绪感受→行为选择”依次开展的单独一次心理过程简称为“心理三步”，见图 2-1。破解幸福密码，我们应从“心理三步”入手，像剥洋葱一般去找到它们。幸福密码不在别处，就在我们内心中。

“心理三步”简化了人类个体复杂的心理过程，如果将人类个体心理过程比

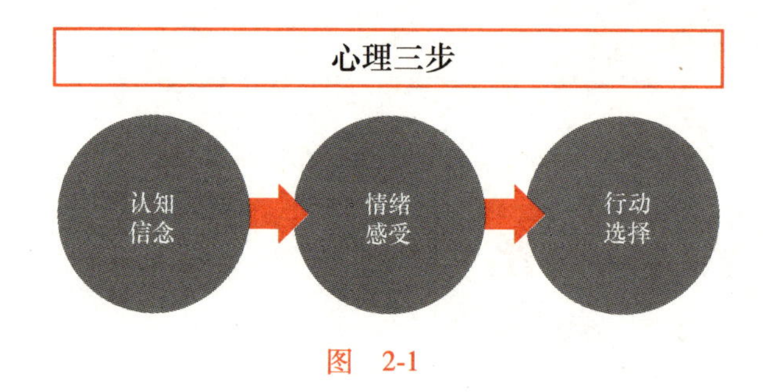

图　2-1

喻成大树，那么认知信念、情绪感受和行动选择分别可以比作大树的根、枝和叶。拥有幸福能力的人如同健康的大树，根扎实、枝强壮、叶繁茂。

在个体无压力、心平静的一般心理状态下，“心理三步”可以依次展开，完成一次心理过程。除非刻意觉察，自己很难分辨出来“心理三步”进行到哪一步。在绝大多数情况下，心理过程自然就完成了，并且常常是多个心理过程交织在一起，从而使个体产生丰富的情绪感受或内心矛盾冲突。

个体内心在感受到压力的状态下，自然触发习惯性潜意识信念和无意识行为选择，比如，情急之下的口无遮拦、危险环境中的逃生行为，都是潜意识领域在极短时间内启动，意识领域的理性和思考来不及介入，“心理三步”的整个过程就完成了。此种状态，意识思维的速度远远慢于潜意识启动的速度。

“心理三步”的第一步是认知信念。

认知信念是个体心理活动的“根”，包括意识和潜意识两个范畴，见图 2-2。潜意识由弗洛伊德提出，与意识相比，个体潜意识领域的比例远远高于个体心理的意识部分。个体潜意识心理领域不易察觉，表现为习惯性信念选择和无意识行为表达。本书中潜意识领域指两部分，习惯性潜意识信念和无意识行为选择。

个体心理学认为，个体 85%左右的认知信念储存在心理潜意识领域，是个体心理的习惯和自动反应部分，表现为不经大脑思考的语言脱口而出，危机情况的下意识行为选择，以及看到某些相似场景会激发同一心理感受等。15%左右的认知信念储存在大脑意识部分，是个体头脑思维可以思考加工和逻辑处理的部分，个体知道、了解这部分认知内容，并且能够通过控制思考方式和挑选解读视角进行内容加工，表现为学习知识技能、遵守法律道德和创造思维活动等。

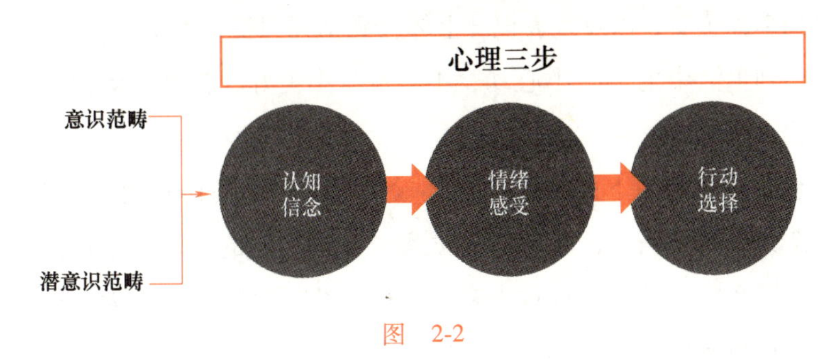

图　2-2

个体关于“幸福是什么”的认知信念决定了幸福密码的底层逻辑，决定了幸福体验的具体内容和感受程度，比如具有积极视角解读世界和时间的个体获得幸福体验的次数和程度远远高于用负面视角解读世界的个体。

你认为“幸福是什么”，幸福就是什么，这些内容组成了你的幸福目标清单。当生活中出现认知信念设定的幸福目标，或你正在体验实现幸福目标的过程时，幸福体验就会出现。比如，我的幸福目标是自我成长，当我读书、写作或做运动时，我都可以体会到幸福感受；我每天早起做冥想练习，使自己一直处于实现幸福目标的过程体验中。

幸福是一种积极的情绪感受和体验。前提是你得弄清楚什么事件、什么场景、和谁在一起时，你会有幸福体验。如果不知道，你就去多体验，带着觉察去找到积极情绪体验，不断创造机会去体验幸福。你能明确定义自己认知信念的“幸福是什么”，清楚自己的幸福目标清单内容，当幸福体验出现时，你才能够识别幸福信号，沉浸在其中。

“心理三步”第二步是情绪感受。

情绪感受是个体心理活动的“枝”，是个体整体生活质量的核心指标，积极情绪体验越多，幸福感越多，整体生活质量越高。个体情绪是主观期待和现实对比后的感受体验，而认知信念决定了主观期待，因此就决定了个体的情绪体验。个体设定的幸福信念，以及由此产生的具体幸福目标，决定了幸福体验出现的具体场景，以及影响具体场景中的感受程度。

个体感受觉察能力决定了幸福体验的程度。个体的幸福信念决定了幸福目标清单的具体内容，决定了幸福体验是否会出现和何时出现。但是，个体是否能够体验到幸福感受，以及多大程度上体会到幸福感受，取决于幸福觉察能力，仅仅是觉察到生活中的那些小心动、小心流、小美好，就可以体会到积极感受和幸福体验。

情绪感受是个体当下此刻的主观体验，那么，幸福体验也只在当下产生。只有将注意力专注在当下，才有机会觉察到幸福体验的出现。幸福体验也许来自过去的美好回忆，或者来自对未来的积极期待，但是幸福作为一种积极情绪体验，只能在当下被个体内在心理捕捉和感受到。

能够将注意力集中在当下，是一种觉察幸福体验的能力，这一幸福觉察能力可以通过训练注意力和正念生活方式获得提高。

“心理三步”第三步是行动选择。

行动选择是个体心理活动的“叶”，认知信念决定情绪感受，情绪感受指挥行动选择。反过来，行动改变可以逆向提升认知信念，改变情绪感受。行动改变的持续强化如同大树叶子吸收阳光雨露，为“枝”和“根”提供养分储备。改变始于行动。

《哈佛心理学》一书中写道：“幸福不是用来指代任何一种美好的感受，而是用来指代一种非常特别的、只有通过特别手段才能够获得的美好感觉，幸福是一个人充分发挥自己潜能的结果。”可见，尽管个体设定了幸福信念，提升了幸福觉察能力，但是幸福体验依然是在行动选择的过程中出现的。将注意力集中在当下，或者更多去留意生活中的美好感受，又或者转变积极视角看世界，这些个体行动选择都会带来幸福体验。

人类作为高级动物的特别之处，在于可以通过有目的、有意识地进行行动改变来调整认知信念，改善情绪感受，从而有机会获得幸福体验。行动选择不是选择这个动作本身，它来自认知信念，特别是受到习惯性潜意识认知信念的控制。

从表面上看，情绪感受决定了行动选择，而真相是你的认知信念决定了你的人生一系列行动选择，而且越重要的选择越会受到潜意识信念控制。行动意味着选择的实施和完成，而一系列行动选择组成了自己的人生。

选择幸福的第一个密码是：**选择幸福才有机会获得幸福。**

觉察笔记 4　心理三步

请在安静的环境中完成。选择过去和目前的某个事件或情景，请按照“心理三步”分别记录当时的想法、感受、行动以及结果。

1. 记录一个事件或发生情景：

____。

2. 记录你的想法：

____。

3. 描述你的感受：

____。

4. 记录你采取的行动和结果：

____。

二、定义幸福——你认为“幸福是什么”

幸福信念是幸福密码的底层逻辑，是个体解读世界的方式，影响着幸福体验。幸福信念大致可以分为两部分，绝大部分来自潜意识领域的原装幸福信念，少部分来自意识领域的选择幸福信念，见图 2-3。

选择幸福，就是通过心理觉察去迭代原装幸福信念，更加重要的是学习升级选择幸福信念，这是选择幸福的核心部分，也是自我成长的第一内容。受潜意识信念控制的被动生活不会幸福，主动选择幸福信念，才有机会获得幸福体验。

原装幸福信念是来自原生家庭的认知习惯。

在日常生活中，个体“心理三步”自然又自动地运行着，个体几乎毫无察觉，特别是潜意识领域的原装幸福信念启动时，个体几乎失去了认知信念和行动选择两个方面的主动选择权，受潜意识信念驱动生活，也失去了幸福按钮的控制权。

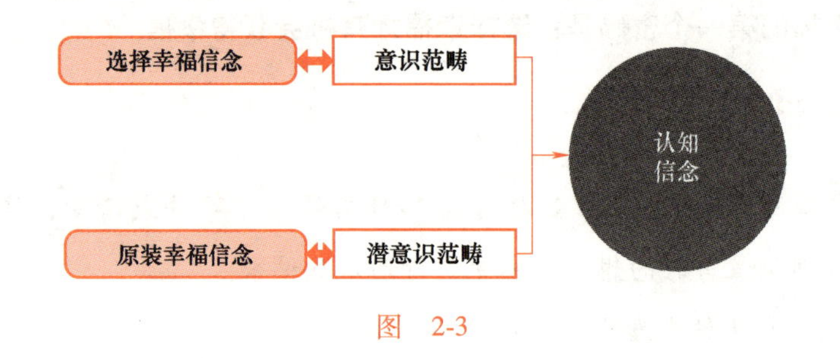

图 2-3

荣格说，向外张望的人，是在做梦，向内审视的人才是清醒的。被动习得的原装幸福信念是个体成长过程中被植入的他人信念，来自家庭成员、重要养育者和周围环境，在个体 7 岁之前基本已经形成，个体成年后会默认它是天生的，甚至来自基因遗传。

实际上原装幸福信念仅仅是成长过程中形成的认知习惯，当思维和行动重复足够多的次数时，大脑神经回路里就会形成“习惯”，深深植入潜意识领域。比如，童年期经历形成了“幸福靠运气”的经验，个体会逐渐放弃主动选择幸福，于是形成了按照“幸福靠运气”的幸福信念去被动选择的生活习惯。

潜意识领域的习惯力量强于你的想象，你认同原装幸福信念，就意味着你被这些信念和由此产生的思维方式所控制。人类大脑的专注力有限，稍有松懈或走神，潜意识领域的原装幸福信念就会自动接管个体注意力，于是个体陷入被动思维、被动感受和被动行动。未经觉察到的原装幸福信念默认了个体的幸福信念，影响着个体从吃喝拉撒到人生大事的选择结果和幸福体验。

虽然，个体原装幸福信念决定了个体解读世界的视角和方式，但是通过自我觉察和主动选择，个体可以呈现、松动、升级和迭代原装幸福信念，迭代方式是自己作为自己认知信念的观察者，觉察自己感受和当下的思维方式，识别出原装幸福信念，从而“躲开”潜意识习惯的自动控制。

“选择信念”来自个体主动习得。

个体意识部分的认知信念是头脑思维可以思考加工和逻辑处理的部分，或者说这部分是你知道、了解并且能够控制如何思考和挑选解读视角的部分，这部分内容来自个体主动习得，是有意识挑选和构建的认知信念部分，称为“选择信念”。

个体在后天经由学习和自我成长有意识挑选和迭代选择幸福信念，成为个体幸福体验的核心源泉。人类个体终其一生为追求幸福体验的所有努力都用在了寻找、实践和迭代“选择幸福信念”，并且在这一过程中获得幸福体验。

个体关于“幸福是什么”的认知信念决定了幸福密码的底层逻辑，你认为“幸福是什么”，幸福就是什么，这些幸福信念内容决定了你日常生活中的幸福目标清单。你可以在生活中带着好奇去观察自己，带着体验的心态去寻找幸福体验，带着欣赏的视角去寻找可以模仿的幸福人生版本。

渐渐地，你能够明确定义自己认知信念的“幸福是什么”，清楚自己的幸福目标清单内容，你能够创建、甄别和收集服务你幸福人生的幸福信念，将它们如珍宝般放到你的选择幸福信念中，你开始为自己构建实现幸福生活的认知信念体系。

主动构建选择幸福信念是第一幸福能力。

幸福是人生最重要的目标，但是，人们总是习惯于为实现其他目标而牺牲幸福，常常被其他事物、周围环境或者媒体宣传等影响，分散自己想要实现幸福生活目标的注意力。要获得幸福体验和实现幸福生活，就得始终提醒自己优先选择幸福而不是其他目标。**《幸福的科学》一书中写道：**“仅仅是提醒人们做出提升幸福感的决定，就可以大大降低人们被其他目标分散精力的可能性。”主动选择幸福，才可以获得幸福；学习构建选择幸福信念，就可以实现幸福。

主动构建选择幸福信念的第一步是带着觉察去生活，经由“心理三步”去呈现原装幸福信念。那么，如何觉察自己？举个例子，当你有负面情绪时，应有意识地停留一下，觉察这一情绪体验，同时给情绪贴一个标签，如“我生气了”。同样，当幸福情绪感受出现时，你也可以选择有意识地在积极感受中停留一会儿，贴一个“幸福体验”标签。

此时，最重要的是将注意力停留在自我观察上，感受自己的身体有哪些反应，身体是舒展的，还是紧绷的，将觉察关照在身体上，允许感受的存在，再去深入体会这一感受。接着去观察自己此刻头脑中的想法，有意识地记住这个想法。有时候，你会被自己头脑中的想法吓一跳，此时带着觉知去关照它就可以了，不需要去评判它，只需要知道这是一个想法，它并不代表你。再去观察自己此刻的行为选择，我正在做什么，我想要做什么，我之前做了什么，是什么行为让我产生了这一情绪感受，以及我想要继续什么行为选择。

随着不断练习自我观察，幸福觉察能力就逐渐建立起来了，那些在潜意识领域的“原装幸福信念”就渐渐呈现出来。如果心理能力尚可，可以尝试去多觉察消极情绪感受，随着对负面情绪的观察、觉知和了解得更加深入，个体对负面情绪的接纳力更强，继而对积极感受的觉察力也相对提高。在不断的练习和实践中，我们经由自我觉察去呈现的“原装幸福信念”从潜意识领域进入意识领域，潜意识信念开始松动，进而可以加工、升级和迭代“原装幸福信念”。

主动构建选择幸福信念的第二步是寻找、实践和迭代“原装幸福信念”。幸福感的获得是个体的人生意义之一，你选择“幸福是什么”，你就将在那里获得幸福。比如，我选择的幸福信念之一是“幸福是自我学习和成长”，我的幸福感受出现频率最高的场景是在学习过程中，包括本书的写作过程给了我极大的幸福体验，早上四点起床的静静写作过程更是对心灵能量的巨大滋养。

意识领域中选择幸福信念的获得和构建比原装幸福信念更简单直接，但是没有原装幸福信念对个体的影响和掌控力强，特别是在压力状态下，个体心理过程可以自然进入潜意识领域，自动调用原装幸福信念去应对压力事件，直接选择无意识行为去应对压力情景。

因此，对于实施选择幸福信念来改变个体生活幸福体验的学习和练习，应将很大一部分精力放在个体内心平静状态的保持和恢复上。人生最大的资源不是外部财富，而是内在恢复心理健康水平的能力，拥有健康心理能力的个体幸福感高，同样幸福体验也会进一步提升个体的心理健康水平，因为积极体验使个体更容易放松和获得心灵滋养，以及储备心理资源。

那么，请你带着觉察去体会这两个问题：你对幸福的定义是什么？你如何知道自己此刻处于幸福状态，或者说你知道什么场景下自己获得了真正的幸福？在生活中有意识地去收集幸福体验，进而呈现和迭代原装幸福信念，有意识地去挑选和升级选择幸福信念，见图 2-4。

选择幸福的第二个密码是：**你选择“幸福是什么”，你就将在哪里获得幸福。**

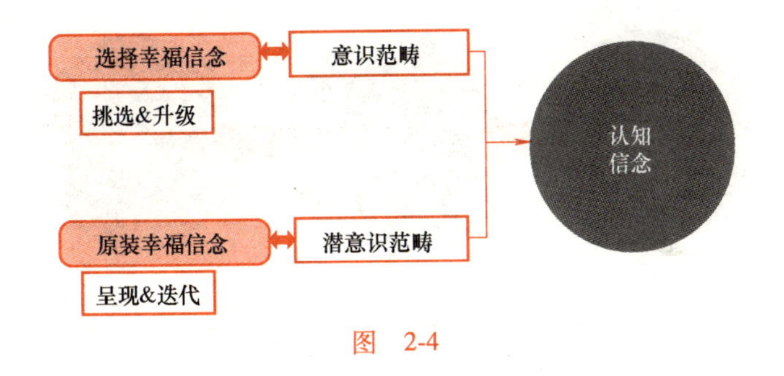

图　2-4

觉察笔记 5　觉察原装幸福信念和记录选择幸福信念

请在安静的环境中完成。选择过去和目前给你带来幸福体验的场景或时刻，你可以按照“心理三步”分别记录当时的想法、感受和行动，以及你的幸福信念。

1. 呈现原装幸福信念，尝试回忆或带着觉察去找到幸福体验场景，记录想法、感受和行动，以及头脑中的幸福信念：

____。

2. 记录选择幸福信念，你自己主动选择的幸福信念是什么，记录想法、感受和行动，以及头脑中的幸福信念：

____。

三、随时幸福——未来幸福是骗人的

情绪是感受的衍生，先有感受，才有情绪。个体情绪来自当下的身体感受，以及当下主观期待和现实对比后的心理感受，见图 2-5。身体感觉舒适，个体就会产生积极情绪；当下内心感受符合内心期待或头脑中的幸福信念，个体就会出现积极情绪。幸福体验来自身体舒适、幸福信念，以及身体和信念共同舒适时产生的身心双重积极感受。

情绪感受是个体当下的主观体验，幸福体验只能在当下产生。个体将注意力集中在当下，关注积极情绪体验，就有机会感受到幸福。特别是关注当下会带来内在心灵平静的体验，给个体带来积极感受。关注积极情绪体验和提升幸福觉察能力，都是主动选择幸福。

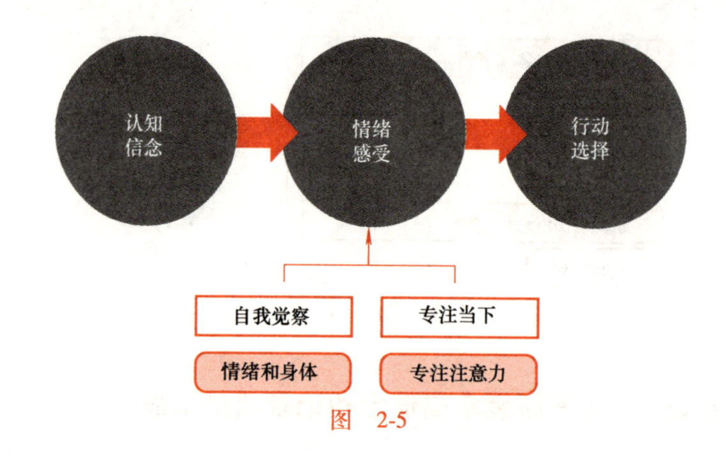

图 2-5

最简单的幸福体验来自身体和表情变化。

情绪有强烈的生理成分，情绪体验与身体状态紧密相关，在有情绪时，身体感受会发生变化。进行情绪感受自我觉察时，你不仅仅要关注自己的内在感受，还需要体会身体的变化。更重要的是，情绪感受可能会被压抑，而身体变化无法被忽略。很多时候，身体疾病是情绪压抑的生理性爆发。

在消极情绪感受下，身体处于收缩状态，情绪持续停留在身体内部。不同的是，积极情绪体验带来的身体感受是能量扩张，是从自我向世界的扩张，积极情绪感受很容易传递和影响他人，而且积极情绪感受很快会从高昂状态恢复正常心理水平。因此，幸福体验需要我们刻意觉察和反复体验，在大脑神经回路刻画出幸福体验的情绪记忆，以及在身体感受上保留幸福体验。

心理学研究中的两个著名实验结果指出了幸福体验与身体感受的关系。

第一个实验是恒河猴实验。1958 年，美国心理学家哈洛把一群小猴子交给两个“妈妈”抚养，这两个妈妈都不是真正的妈妈，而是“妈妈功能”代替物，一个是能够给奶水的“妈妈”，另一个是能够给触摸感的“妈妈”。

实验表明，每天 24 个小时里，小猴子花了 18 个小时躺在有接触感的“妈妈”怀里，只有 3 个小时躺在那个有奶水的“妈妈”怀里。研究发现，人和人之间身体接触的心理意义更重要，其中安全依恋带来的幸福感受与身体接触带来的积极体验直接相关。

第二个实验是迪香式微笑。1860 年，法国心理学家迪香尝试通过在人的面部肌肉上接通电击，看看面部肌肉会产生什么样的效果。他发现，当人脸出现三块肌肉同时活动的时候，会呈现出一种特别有魅力的、有感染力的微笑，这三块肌肉是嘴角肌、颧骨肌和眼角肌。进一步研究发现，人类表情的变化可以给他人带来积极感受，从而在关系中获得幸福体验，微笑是传递幸福体验的有效方式之一，幸福时愉悦的感受、积极的情绪是可以被他人看出来的。

幸福体验来自身体变化的最简单方式就是改变身体的姿势。现在你就可以简单体验这个过程。请你放松、坐直，然后抬头挺胸，把自己的双手从前往后狠狠一甩，喊一声“啊”，就可以感受到一种朝气蓬勃的积极感受。接着尝试第二组动作，将你双手交叉扶着左、右上臂，低下头，再发一声“哦”，你可以明显感到不舒服、不痛快。

在第一组动作中，你可以感觉到身体在打开状态下的舒展感受。身体打开可以带来积极的情绪体验，这是因为人体有一条最古老的、最长的神经通道，叫作迷走神经，它和呼吸、消化、运动、腺体感受有关系，也跟幸福体验密切相关。当迷走神经舒展的时候，个体会感到特别开心；当迷走神经紧缩压迫的时候，个体会感到特别不开心。把双手摊开，把迷走神经充分打开，瑜伽中的很多体式是敞开式，这样身体的积极感受就成为幸福体验的重要源泉。

最直接的幸福体验来自专注当下。

然而，人们常常忘记当下改变身体姿势和面带微笑就可以获得幸福体验。甚至将自己亲手置身于“幸福误区”中，长期坚信“吃苦在前，享受在后”的“原装幸福信念”，完全忽略当下的幸福体验。

即使没有忘记这一点，很多人也不敢在当下幸福。稍微有一点积极感受涌现在心头时，自己心中马上抛出一个警告：现在不要太得意啊，未来恐怕要吃苦，“吃苦在前，享受在后”就被进一步误读成“当下幸福，未来吃苦”。渐渐地，当下幸福和未来幸福就这样对立起来了，你不敢在当下幸福，但你心中永远在期盼未来某一天会幸福。“当下吃苦”成为“未来幸福”的前提条件，谁敢幸福呢？谁又能幸福呢？

幸福体验在主动选择幸福中获得，我们选择当下就开始幸福生活，幸福体验就开始了。而且，当下幸福体验和未来幸福体验，我们都要，也都可以获得。

与其将追求未来幸福作为人生目标，不如专注当下的生活，从对未来“幸福结果”的等待转向对此刻“幸福过程”的体验，这意味在当下就可以体验到幸福。记住，你随时可以幸福。

实际上，仅仅投入当下、专注此刻正在做的事，就可以产生幸福感。**最直接的幸福体验就是将注意力放在当下正在做的事情上**。心理学家米哈里提出，极致的专注可以让人进入心流状态。他在《发现心流》中写道：“心流可以带给人极大幸福感。”专注程度是幸福体验的核心内涵，专注即幸福。当幸福体验出现时，专注的人更容易捕捉到这些积极体验。而且仅仅是投入当下、专注此刻，个体就可以感受到幸福体验。因此，现在就可以达成幸福，不必等到未来。

《幸福脑》一书中写道：“大脑的工作状态决定了人们的生活质量和幸福感。”大脑中靠近中央位置的深层边缘系统负责对高度情绪化的记忆进行存储，我们所有的情绪记忆经验在某种程度上决定了我们心理状态的情绪基调，我们经历的稳定、积极事件越多，就越容易感到愉快，这些情绪性记忆能够直接作用于我们对日常生活的情绪性评价上。当下幸福是未来幸福的前提，当下幸福体验是未来幸福的情绪基础。

未来要幸福，当下更要幸福，而最重要的是此刻，唯此刻永恒。当下不幸福，未来如何幸福？当下的幸福体验微乎其微，何以保证大脑在未来会强化幸福体验呢？只有当下获得幸福，未来才可能延续幸福体验，当下拥有了幸福，未来高比例会继续幸福。

请你将关注当下作为一种生命习惯，带着觉察去生活，总是观察和提醒自己将生命中最宝贵的注意力放在此刻正在做的事情上。注意力就在此刻，潜意识里的习惯性思维就会自动停止，不再纠缠过去的悔恨，也不焦虑未来的生活，思维在当下停止了，而你内心获得平静，专注当下会带来你自身就有的喜悦和爱，以及专注投入做事的心流体验，幸福生活就在当下。

那么，当下的幸福体验是什么？

幸福是一种私人的感受，来自人与人之间的关系美好；

幸福是一种激素的结果，来自人身体内部催产素、多巴胺、内啡肽和血清素的提高；

幸福是一瞬间的体验，来自大脑前额叶的人生感受和智慧领悟；

幸福是一种身体的状态，来自张开双臂时迷走神经的打开；

幸福是一种肌肉的呈现，来自主动微笑时嘴角上扬的迪香式微笑。

幸福，是你主动选择的结果。

选择幸福的第三个密码是：**专注于当下的生活，此刻就可以获得幸福体验。**

觉察笔记 6　觉察“当下幸福”和“未来幸福”

请在安静的环境中完成。觉察当下的生活，分别写下可以给你带来“当下幸福”和“未来幸福”的场景、事件或时刻，请按照“心理三步”分别记录想法、感受和行动，以及你的幸福信念。

1. “当下幸福”：带着觉察去找到并记录想法、感受和行动，以及头脑中的幸福信念：

____。

2. “未来幸福”：带着觉察去找到并记录想法、感受和行动，以及头脑中的幸福信念：

____。

四、幸福行动——行为习惯影响幸福体验

获得幸福体验的行为习惯包括思维转变和行动选择两部分，即选择迭代原装幸福信念和提升幸福觉察能力，见图 2-6。认知信念决定情绪感受，情绪感受指挥个体行动，幸福信念影响幸福感受。

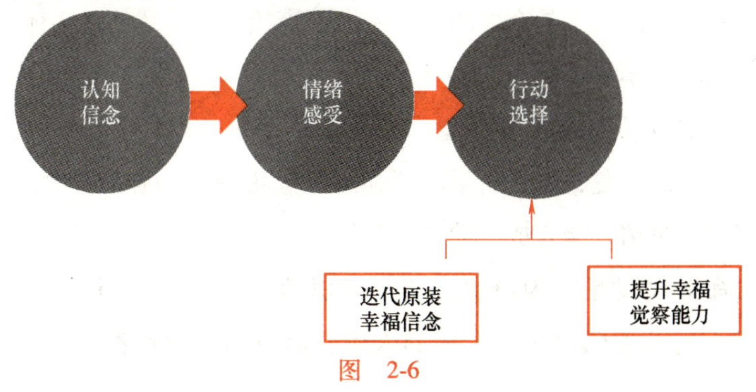

图　2-6

同样，改变行为习惯可以逆向提升认知信念和改变情绪感受，幸福行动也影响幸福体验。一切改变始于行动，一切变化来自于行动。选择幸福，意味着个体的行为习惯会围绕着获得幸福体验展开，选择幸福一定会从幸福行动开始。

童年时期形成的内在心理模式决定了个体行为习惯。

在毫无觉察的情况下，个体的习惯性潜意识信念会指挥个体做出无意识行动选择。比如，持有“越努力越幸福”信念的个体，在努力和躺赢之间，一定会选择先努力，再幸福，先“苦哈哈”，同时期待未来会幸福。即使在努力过程中出现幸福体验，个体也会主动选择压抑掉，因为个体头脑中认定幸福要放在努力后的未来才可以去体验。“先努力再幸福”是个体的习惯性潜意识信念，于是行为习惯上总是去努力，而不敢接受轻松躺赢，“努力”成为个体的无意识行动选择。

比如，很多父母持有的信念是“等孩子大了，我就轻松了”“等退休了，我就去旅行看世界”，这些“等到……时候，我就……”的信念深深植入到他们的“原装幸福信念”里。这些父母不敢放松，不敢享受当下的幸福，他们努力地生活，期待未来出现幸福。

事实上，当下就可以体验放松和获得幸福体验，同时在实现未来幸福目标的过程中，同样可以获得幸福。陪伴孩子成长，跟爱人一起老去，自己获得生命馈赠，这一切在每时每刻中发生着，将注意力从关注未来幸福，放在当下生活，专注当下正在做的事和眼前的人，就可以获得幸福，那么未来也一定会幸福。从选择幸福开始，我们的幸福体验就开始了，我们在通向幸福目标的过程中，也幸福着。专注当下是个体的行为习惯，直接影响个体的幸福体验。

西方主流心理学界认为，人在 7 岁左右就已经建立内在潜意识模式，潜意识信念和无意识行动选择基本定型。在未来生活中，生活态度和幸福体验不过是内在心理模式的重复，于是所谓的“命运”就出现了。心理学大师荣格认为，你没有觉察到的事情，会变成你的“命运”。

然而，命运仅仅是行为习惯，是潜意识信念和无意识行动选择，表现为“习惯”，这些行为习惯决定着个体的人生发展方向，影响着个体的幸福体验。

个体按照7岁左右定型的独特内在心理模式生活着，表现为行为习惯，即习惯性思维模式和行动选择。即使个体已经成年，内心可能还保留着那个7岁小孩的心理模式和行为习惯，因为“幸福信念”内容和幸福觉察能力没有随着成年而改变，自然表现为行为习惯的幸福行动也就毫无差异。

幸福体验是行为习惯中的自然感受。

潜意识决定命运，一点都不神秘，只是习惯而已。当认知思维和行动选择重复足够多的次数，大脑神经回路里就会形成“习惯”，“习惯成自然”在潜意识领域深深植入。当个体已经无法觉察这些习惯，所谓“命运”一说就出现了。

命运是习惯，那么获得幸福体验和实现幸福生活也并不遥远，幸福体验只是行为习惯中的自然感受。那么诸如“幸福是运气”的信念误区，便不再难以理解，因为潜意识里的“命运”会习惯性地按照“原装幸福信念”去解读世界，继而决定了个体等待幸福的行为选择。没有获得幸福体验和不敢相信自己可以拥有幸福生活，都是个体没有选择幸福的行为习惯。

潜意识被简化为习惯，改变命运的秘密就是行为习惯的改变和重新选择。幸福体验来自思维改变和行动选择，幸福是在主动选择追求幸福过程中出现的必然体验。

为什么很多人习惯性地不选择幸福呢？这很可能与习得性无助的悲观性思维习惯有关系。《活出最乐观的自己》一书中写道：“习得性无助者常常会把消极情绪或困难事件放大成灾难，并且在头脑中设置了‘无论自己怎么努力都无法改变’的认知信念，形成了对世界和自己消极悲观的解释风格。”久而久之，个体就形成了“我不值得幸福”等一系列幸福误区信念，自然在幸福体验出现时忽略积极感受，在行动选择上跳过幸福行动。

选择幸福，意味着个体从认知信念和行为习惯两个维度去改变习惯性“不幸福”的选择，重新选择幸福信念、觉察幸福体验和实施幸福行动。选择幸福，并不意味着自己许个愿，就可以达到幸福生活的彼岸。拥有幸福的秘诀并不是追求如何做出正确的选择，因为幸福没有对错之分，幸福的秘诀是学会如何在生活中主动选择幸福行动，选择迭代原装幸福信念和提升幸福觉察能力，从而使自己获得幸福体验的能力，学会如何选择必然是在多次幸福行动和探索试错中获得的幸福能力。

获得幸福体验从幸福行动开始。

幸福行动包括选择迭代原装幸福信念和提升幸福觉察能力，从思维转变和行动选择做出改变。迭代原装幸福信念，建立新的选择幸福信念，可以选择先呈现潜意识行为习惯，再塑造新习惯的方式；也可停止消耗原装幸福信念，直接创建新的幸福体验。

比如，如果你觉察到自己常常陷于“越努力越幸福”的误区里，就可以选择直接从这一认知思维方式抽身出来，停止消耗内心能量的无效“努力”，选择将注意力专注在此刻正在做的事，不再反复去确认自己是否在“努力”，不再自我消耗于“努力”中，而专注于当下正在做的事情，积极体验就产生了。要警惕只关注“努力”本身的无效努力，如果你只关注自己是否在“努力”，那就可以明确告诉自己，可以放弃这个行动，因为这不是可以带来幸福体验的幸福行动。如果个体只关注努力，意味着并不关注幸福目标，更不关注幸福过程，结果和过程都被忽视了，所以“努力”本身并没有意义。

将注意力专注到当下正在做的事和眼前的人，提升幸福觉察能力的幸福行动就开始了。从有意识地留意自己的积极感受开始，到慢慢确认自己的幸福体验，渐渐地，你的幸福计划内容会饱满起来，也会修改部分幸福体验内容，你会找到给你带来幸福体验的人、事和场景，并逐渐将这些幸福因素在一起的时间比例扩大，生活体验开始发生积极变化。

事实上，在实施幸福行动的过程中，你的生活环境和习惯变化不大，仅仅是增强了对自己积极情绪的觉察，或者将注意力投入当下，你就已经感受到了生活中的不同体验和幸福感受。幸福觉察能力的提升是一项长期行为习惯选择，我建议你做一辈子，这样你就可以幸福一辈子。

幸福觉察能力提升有一个很好的方式，就是写作，写自我觉察认知笔记，你可以称它为“××的幸福笔记”，或者起一个可爱的名字，这个笔记可以记录你的幸福时刻和积极体验。你随时可以翻阅，马上幸福。认知笔记是表达式书写练习的方式之一，可以帮助个体理解自我，提升幸福能力。

下面介绍自我觉察式的“幸福笔记”。

自我觉察笔记有以下两种记录方式。

第一种是随时记录：当自己感觉有积极体验时，停一停，深入感受这一积极体验，然后在认知笔记上记录下此刻的场景、事件、想法、感受和行动。

第二种是定时记录：选定一天中的固定时间，比如每天晚上临睡前，整理一天的生活体验，一一记录下生活中带来积极感受的时刻和时间，同样将那时的想法、感受和行动记录在“幸福笔记”上。

记住，场景、事件、想法、感受和行动是五个重要记录要素。

“幸福笔记”是帮助个体认识自己、了解自己和探索自己的幸福密码本。通过“幸福笔记”长期记录和积累，渐渐地，你可以看到自己真实认知信念的呈现以及魔法般的变化，潜意识行为习惯会一一呈现，你的幸福体验也开始增多。同时，你心中会越来越明确想要的生活模样和获得幸福体验的生活方式。

选择幸福的第四个密码是：**获得幸福体验从幸福行动开始。**

觉察笔记 7　建立“幸福笔记”

请在安静的环境中完成。觉察今天生活中积极情绪体验的场景、事件或时刻，请按照“心理三步”分别记录下来此时想法、感受和行动，以及你的“幸福信念”。

1. 场景或事件：

____。

2. 想法：

____。

3. 感受：

____。

4. 行动：

____。

5. 幸福信念：

____。

五、幸福动力——渴望幸福还是逃避恐惧

选择幸福的动力是源自内心的渴望，还是逃避恐惧，二者差别很大。尽管在行动选择上看不出差别，但是个体内心的幸福信念完全不同，由此带来的幸福体验感受差异极大。特别是，幸福体验匮乏的个体会存在一个体验误区，就是将逃避恐惧后的舒适误以为是幸福体验。

选择幸福的动力来自内心的渴望和自我的意愿，个体会主动选择、积极行动，从而获得持续内在幸福动力，而逃避恐惧无法拥有长久的幸福动力。"幸福来自生活的主动选择"这一信念本身，就会为个体发展带来源源不断的幸福动力。

基于逃避恐惧去生活，个体无法获得幸福。

获得幸福体验**是基于渴望，还是逃避恐惧，这两者的幸福动力完全不同。**

恐惧是排斥法则，是试错法则。《身体有答案》一书中写道："恐惧是人类在自然进化中优胜劣汰的基因优势。恐惧，使我们存活、进化，一代代在地球繁衍。恐惧，跟呼吸一样，是人类生存必需品。"人类因为恐惧在丛林中无法存活而选择群居以躲避野兽的袭击，因为恐惧病痛折磨而选择吃熟食，因为恐惧大自然吞噬而择地定居等，基于恐惧去选择是人类代际相传的优势基因，早已成为人类神经系统和基因信息中的一项基础基因设置。

基于恐惧去选择，个体会将注意力集中在"我不喜欢""我害怕"领域。基于恐惧去选择，意味着个体在信念中认为世界充满危机，自己要躲避危险，内心对世界充满了排斥能量。个体在躲闪、逃避、恐惧中，也失去了世界提供的选择机会。基于恐惧去选择，自己会经常性出现负面情绪体验，比如抱怨命运不公平，常常下结论没有贵人相助，总是觉得生活没有机会、自己没有资源、职场没有选择等，基于恐惧去选择，个体容易出现绝境感。

现代人类大多数的恐惧内容是文明化教育的结果，而不是个体体验后的经验总结。在成长过程中，个体被告知和灌输恐惧内容，于是基于恐惧去选择成为人类文明教育的起点，同时形成了"世界充满危机"的认知信念。小时候，

父母常常说“不要……”，以及“不准……”等这些恐惧性质内容，就被个体植入“原装幸福信念”中。我们依托恐惧基因存活下来，同时恐惧基因也阻止我们去探索未知世界和获得丰富体验，这其中就包括了幸福体验。

基于恐惧的选择是排斥法则，你在摆脱恐惧的同时，也一并在恐惧中排斥了机会和幸福体验。基于恐惧去选择，他人想给你资源都无从下手。基于恐惧的选择下，习惯性躲避的你，从不给他人提示和信号，他人很难帮助你。基于恐惧去选择，意味着你一直关注“放弃”这个领域，你的世界一直在“丢弃”的状态，同时你一直在拒绝世界的好意。他人给你的一切，你全部“丢弃”和“不要”，包括幸福体验。于是，机会和资源真的不会来了。

接纳恐惧是人类基因的一部分，我们选择接纳恐惧，并尝试带着恐惧去生活。人类基因中的恐惧内容是基因传承下来不断试错的标记，是“此路不通”的提示信号，记住，那是人类长久传承的“坑”，我们要避开、走过它。同时，我们接纳荣耀的恐惧基因、带着自己是未来人类前辈的使命，继续去探索人类发展的道路，去试错，去标记，去增加恐惧基因的内容，而不是仅仅被恐惧感牵着鼻子走。恐惧是人类的优势基因，选择接纳它，带着它继续前行，化被动恐惧为渴望动力。

基于渴望去选择，在当下就可以获得幸福。

渴望是吸引力法则，是发展法则。跟恐惧一样，渴望也是人类文明发展的基因优势。人类渴望成长，渴望变化，渴望是人类文明向前发展的动力。人是有机生物体，细胞新陈代谢是基本发展规则，新旧交替是人类身体基本生物属性，人类体内就自带终向前的发展动力。

渴望是比恐惧更有力量的动力基因。个体带着对世界的渴望降临，孩童天性好奇和向往未知，这是无法压抑的渴望，想要就去拿，想要就去摸，想吃就放到嘴巴里，累了就坐下，饿了就嚎哭，孩童的渴望起初毫无掩饰和恐惧。孩童也会害怕，身体里也有人类恐惧基因，但对世界的探索，对他人的好奇，对变化的向往是孩子持续发展的不竭动力。

因为渴望，人类的文明翻出花样；因为渴望，人类的科技玩出乐趣；因为渴望，人类的足迹跨出了地球引力，这些都是渴望带来的动力。人类个体内在的渴望动力，如果不被释放，就会被压抑，而压抑不会获得幸福体验，渴望引领个体发展的幸福动力才是个体获得积极体验的持续源泉。

基于渴望动力去选择幸福，你周围的资源会开始丰富、机会不断。这些幸福资源在你选择幸福时就出现了，只是你的注意力集中在幸福体验上，集中在身边出现的幸福机会上。

基于渴望动力去选择幸福，你会清晰识别哪些是你内心想要的幸福生活元素，哪些是机会，哪些是贵人。基于渴望的选择是吸引力法则，你的渴望会传达给身边的人，那些看到你渴望幸福的人成为你跟宇宙的强联系，宇宙会经由他们给你机会和资源。慢慢地，不仅仅是幸福体验，你在幸福目标里渴望的一切，将来到你的眼前。

主动选择幸福是幸福的持久动力。

恐惧和渴望都是人类发展的优势基因，但是在选择幸福这一领域，我们接纳恐惧，选择渴望。基于恐惧的选择是排斥法则，是跟宇宙不断地切断连接，是“减法”能量；基于渴望的选择是吸引力法则，是跟宇宙不断地连接，是“加法”能量。主动选择幸福是个体渴望幸福生活的幸福动力，是获得幸福体验的不竭动力。

无论你的“原装幸福信念”是什么，也不管你之前的生活遭遇是什么，你都可以从当下开始重新构建幸福信念，每个人都可以选择幸福。基于渴望主动选择幸福是每个人的权利，是人类精神领域的最高自由。犹太人心理学家维克多·弗兰克尔认为，人生的“最高自由”是精神领域的选择自由。他曾被囚于集中营多年，从集中营出来后，发现自己的家人全部在集中营遇害。他对自己说：“除了我自己，没有任何人能控制我的内心世界。如果我可以在极端条件下保持自我认识，别人也可以。面对现有的任何环境和条件，选择自己的观点，是人的所有自由中的最高自由。”

幸福动力是个体内在对幸福的渴望、对人生精神自由的追求。幸福动力在迭代“选择幸福信念”和提升幸福觉察能力的行动中展现，并得到强化。主动选择幸福，不断渴求幸福体验，并实施幸福行动，幸福体验就开始了。获得精神领域的自由，产生幸福动力一定是从个体主动选择开始的。当个体内心开始渴望幸福并主动选择幸福时，生活的幸福按钮就在自己手中了。

选择幸福的第五个密码是：**主动选择幸福是幸福的持久动力**，见图 2-7。

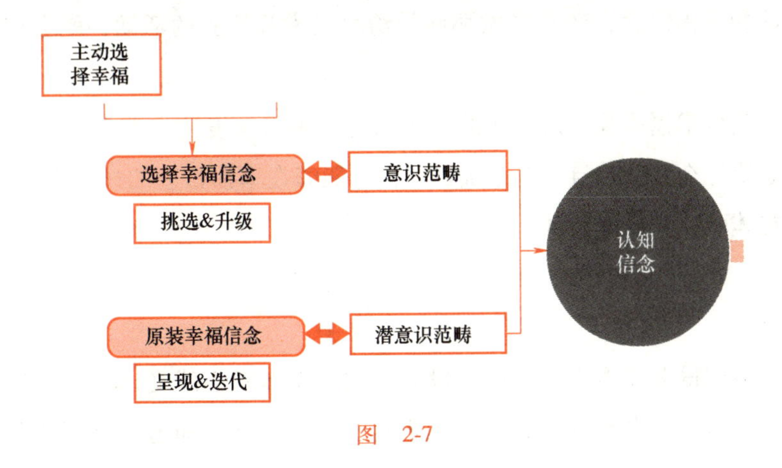

图　2-7

觉察笔记 8　幸福动力

请在安静的环境中完成。觉察生活中一个关于选择的场景或事件，请按照“心理三步”分别记录下来想法、感受和行动，以及觉察你的选择动力是基于恐惧还是渴望。

1. 场景或事件：

____。

2. 想法：

____。

3. 感受：

____。

4. 行动：

____。

5. 幸福动力：

____。

六、幸福耐力——持久幸福可以获得

幸福是一种积极的情绪体验，可以在幸福行动过程中获得。幸福并非没有消极情绪，而是对一段时间内个体整体生活质量的评价。个体清楚自己想要的幸福生活和幸福信念，经常去做那些带给自己幸福体验的活动，就会获得持久的幸福。

长久获得幸福体验，是个体的幸福耐力，来自深度“自我”认知。个体知道自己想要什么，清楚自己的幸福目标，并能够在幸福行动的过程中沉浸其中，长久幸福体验就会得以实现。

深入自我认知是获得长久幸福的基础。

长久地获得幸福体验，是指一段时间内的总体幸福感受评价，实现长久幸福的前提是深入的自我认知，就是知道自己想要什么，知道自己喜欢什么，知道自己的幸福体验在哪里。

“自我”是抽象概念，最初来自弗洛伊德的人格结构理论。之后，埃里克森提出“自我”是一种独立力量，不是人格结构理论中“自我”和“超我”的挤压产物，而是一个心理过程，并认为“自我”中包含着意识部分，个体可以加工、控制和迭代，可以通过内在觉察、环境塑造、过程累积，修正“自我”的内涵，提升“自我”的力量感。此外，埃里克森还赋予“自我”许多积极特性，诸如希望、信任、独立、自主、创造等。他认为，凡是有这些特性的“自我”都是健康的自我，拥有这些“自我”特性的个体能够对人生发展的每一阶段所产生的问题加以创造性地解决。

“自我”的基本功能就是建立“自我”信念，并在生活体验中保持“自我”同一性，形成关于“自我”的稳定内涵、一贯价值观和行为选择。建立了“自我”同一性的个体，能够清楚自己固有的特点、爱好、理想，明确自己想做什么样的人，以及如何获得幸福体验。

长久获得幸福体验，是个体的幸福耐力，来自深度“自我”认知。幸福信念是“自我”信念的一部分，是关于个体如何看待幸福以及如何获得幸福的认知信念集合。而关于“我是什么”“我和世界的关系如何”等“自我”信念中的核心内容，对构建幸福信念产生重要影响。

长久幸福在通向幸福目标的过程中实现，这一切基于深入的自我认知，允许自己选择幸福，允许自己体会幸福，拥有“我是好的”和“我值得幸福”的幸福信念，以及我知道自己想要什么，我清楚自己的幸福目标，并能够在实施幸福行动过程中专注当下、沉浸其中，就可以实现长久幸福体验。

五层“自我认知”帮助个体进行自我探索。

“自我认知”根据构建过程可以分为五个层次，层层深入，搭建起“自我认知”五层宝塔，分别是“真实体验”层、“头脑加工”层、“世界反馈”层、“认知体系”层、“核心自信”层。这五层次按照从现实到思维、再到心理模式的顺序，依次递进，前一个层级是后一个层级的基础，后一个层级是前一个层级的抽象提升。

下面介绍“自我认知”五层宝塔。

“自我认知”的第一层是“真实体验”层。这是“自我认知”的构建基础和现实素材，来自身体感受和真实经历。个体童年期的经历和情绪记忆是内在心理模式形成的基础，积极情绪感受结合童年记忆形成了个体“原装幸福信念”的现实来源。

从婴儿的“空白”大脑，到抽象“自我”形成，个体成长经历和体验影响着“自我”认知信念和解释世界的视角选择。这是从真实体验逐步积累到认知习惯的过程，形成了习惯性潜意识信念和无意识行为选择，决定了个体当下的体验感受和未来的生活期待。重建真实体验和改变解读世界的视角，就有机会重新改写潜意识领域自我信念，尝试用善意和积极视角看待世界，个体幸福感就会提升。

“自我认知”的第二层是“头脑加工”层。人类大脑有丰富的神经细胞，细胞之间的树突和轴突纵横交错的连接方式，使得大脑神经网络异常发达。大脑无时无刻不在“运动”，收集着来自外界的信息，整合着头脑中的想象素材，哪怕身体累到极致，头脑依然在不断地进行信息加工。在大部分生活时间里，我们被头脑控制，且不自知。

“自我认知”的最初素材来自真实体验，由此为基础，活跃的大脑神经细胞结合头脑的想象素材，不断形成抽象“自我”。大脑借助记忆功能，能够脱离真实体验，不停地在头脑中自我“编剧”，不知疲倦地“加工”信息。这些以真实体验为基础，但又抽象升华于真实体验的“自我认知”内容是大脑的自动加工，初步形成了关于“自我”的认知信念内容。抽象“自我”是个体头脑加工真实体验后的结果，可以说，每个人都是自我塑造的“作品”。“自我”信念里的“原装幸福信念”逐渐形成，并储存在潜意识领域。

“自我认知”的第三层是“世界反馈”层。个体带着“头脑加工”层的自我认知信念生活着，同时不停在生活中验证着自我认知内容。个体很少怀疑自己是错的，反而在现实验证中主动寻找能够证明自我认知的信息，以进一步证明大脑加工的抽象“自我”认知信念是对的，从而进一步强化了“自我”认知。或者说，我们会主动去验证“我是对的”的信念内容，几乎从不考量自我信念的正确性与否。我们相信“我们相信的”内容。

个体在生活中去验证自我认知信念正确的重要性，远远超越信念内容的正确性，这也是个体无法看清自己的主要原因。“我是对的”这一自我认知信念，阻挡了自我改写命运的机会，这便是“盲目自信”。“自我”按照头脑中的认知信念习惯生活着，抽象“自我”的加工过程是“头脑认知”，检验过程是“世界反馈”。同样，个体的幸福觉察按照“原装幸福信念”在“世界反馈”中去搜索幸福体验，却从不思考或检验“原装幸福信念”是否已经走入幸福误区，以及个体并不知道可以通过觉察方式迭代“选择幸福信念”，一切就在“自我”认知信念控制下习惯地运转着。

“自我认知”的第四层是“认知体系”。个体看世界的视角和解读方式都在这里存储，是个体看世界的“有色眼镜”。“自我认知”经由真实体验、头脑加工不断形成抽象“自我”信念，再经由“世界反馈”检验，一分一秒、一场一景、一人一物，“自我”认知持续进行信念总结、提炼反馈，渐渐织成信念体系数据库，存储在大脑“认知体系”里。

“自我”认知有意识领域内容，个体头脑可以思考、加工，个体可以主动控制思考方向和解读世界角度。但是，“自我”认知体系中的绝大对部分内容储存在潜意识领域，以习惯的方式主导着个体生活。在生活中，个体不刻意觉察和留心，很难觉察到习惯主导着自己的生活，而习惯被默认为正确。幸福信念是“自我”信念中的一部分，是关于个体如何看待幸福，以及如何幸福的认知信念集合。幸福信念中的“原生幸福信念”和“选择幸福信念”，分别来自潜意识和意识领域，当个体深入了解“自我”，呈现原装幸福信念，并迭代选择幸福信念时，就有机会获得幸福体验。

“自我认知”的第五层是“核心自信”，也是五层宝塔的顶端。个体成就和自信程度成正比，很多人失败的核心原因就是不自信，潜意识里的自我认知信念是“我不值得”，自然不会获得成功。《洛克菲勒在给儿子的38封信》一书中写道：“失败是成功之母没错，但我更相信‘信心是成功之父’。”自信和自卑都是潜意识信念习惯，是“自我”认知信念中的内容，个体想获得成功，前提就是相信自己，才可以获得持续发展的生命动力。

“核心自信”是相信自己会成功的信心，是“自我”认知中关于自己是否信任自己，以及自我信任程度的认知信念。“核心自信”强的个体拥有“我是好的”“我能够做到”的认知信念和做事态度，以及坚定的行动选择。当个体坚定地认为“我能做到”时，自然就会思考解决方法和行动路径，离成功也就不远了，这就是“核心自信”的强大能量。“核心自信”始于“原装信念”，增强于“选择信念”和行动改变，人们可以通过持续认知信念改变和行为习惯调整，重新构建“核心自信”这一大脑神经回路。

虽然这五层是层层发展、递进的关系，但是在成年人自我成长和选择幸福的过程中，可以从任意一个层级进入，随时可以开始改变，随时可以获得幸福体验。比如，在“认知体系”层迭代“选择幸福信念”，在“真实体验”层提升幸福觉察，在“世界反馈”层改变幸福行动，幸福体验就开始了。

塞利格曼在《持续的幸福》一书中写道：“持久满足幸福感所必需的五大要素是积极情绪、高度投入、人际关系、人生意义和成就感。”这五大要素的选择也是以自我认知为基本，如果对自己并没有足够清晰的认知，甚至是错误的自我认知，在实现“幸福计划”的过程中，很可能就会四处碰壁。

因为你不了解自己的能力和天赋，不了解自己的“原装幸福信念”，相当于上场搏杀的勇士不知道自己的拳脚套路是什么，不知道去哪里比赛，那必输无疑。你不了内心真正想要的幸福生活，不清楚自己喜欢的事物和天赋，不知道在哪里投入专注力，更不清楚自己的人生意义和方向，就无从获得成就感，可以轻松获得短暂的幸福体验，而无法实现长久的幸福体验。

选择幸福的第六个密码是：**深入自我认知是获得长久幸福的基础。**

觉察笔记 9 “自我五层宝塔”

请在安静的环境中完成。觉察生活中的某个积极情绪体验的场景、事件或时刻，请按照“五层宝塔”分别记录各级“自我宝塔”中的相应内容。

1. 积极情绪体验事件或场景：

______________________________。

2. “自我认知”“真实体验”层：

______________________________。

3. “自我认知”“头脑加工”层：

______________________________。

4. “自我认知”“世界反馈”层：

______________________________。

5. “自我认知”“认知体系”层：

______________________________。

6. “自我认知”“核心自信”层：

______________________________。

七、敢于幸福——自信是幸福的钥匙

幸福密码的核心是选择幸福，自信地选择幸福，就可以开始幸福了。对，就是这么简单。在选择幸福的道路上，必须增强的幸福能力就是提升核心自信。

大多数人的“原装幸福信念”里都缺乏“我值得幸福”的信心，不相信自己能够达成幸福目标，于是主动放弃寻找实现幸福的方法，长久地停留在被动生活中。即使幸福在身边，他们也不相信自己可以幸福。幸福，就这样走掉了。

“核心自信”强的人，是坚信自己可以幸福的人。

你不敢去选择和感受幸福，大脑就不熟悉“幸福”体验。相反，在恐惧动力下，个体不断去设想和预设失败体验，就会在习惯性潜意识失败信念和无意识失败行为选择中，一次又一次地失去幸福体验。

“核心自信”是个体自我认知信念体系的“定海神针”，那些取得重大成功的人具有超强的“核心自信”能力。他们相信自己会成功，认为自己值得更好，也一定会幸福，他们主动选择“我会成功”“我会幸福”的认知信念和生活态度，并将这些信念植入幸福信念中，以此来指挥“自我”选择幸福，实现幸福生活。

“核心自信”强的人坚信自己有更大的价值，敢于选择幸福，那么获得幸福体验就是自然而然的事情。他们坚信自己能够战胜困难，结果就真的做到了；他们选择幸福，幸福体验就开始了。

“核心自信”强的人相信自己能成功，在做事情的时候，显示出来的风度、谈吐、思想和待人接物的方式，都让人感觉到他们自信的气场和完成这件事情的笃定。自信影响他信，他信就是信任，信任建立合作，合作产生价值。因此，自信的人更容易成功。“核心自信”不足的人认为自己不重要，会被人忽视，会自动躲避与他人的关系，久而久之，个体将会被众人所忽视。

不敢选择幸福，幸福就会离开。

曾经持有“越努力越幸福”信念的我，不相信自己可以获得幸福体验。当面临重要选择时刻，或者出现积极情绪体验时，心中总是有个小小的声音跳出来，“我不值得”“我不够好”。这个小小的声音，一直在。当压力出现或者感受到挑战时，那个“躲在”潜意识里小小的声音就会蹦出来，提醒我，于是我会陷入自我怀疑之中。即使积极情绪体验出现了，我也不敢投入其中，那个小小的声音会提醒我“你不配”“幸福很短暂，不如不体验”。

特别是，当心中非常期待某件事情成功或者达成时，这个小小的声音就更加欢实了，它跳出来，在我的脑海里蹦哒，不断地嘲笑我，“你不会成功的”“你不会这么幸运的”“幸福不会属于你”。这些声音在头脑里乱窜，扰乱自己，我还要分神分力去自我说服和自我平复，努力将自己从担心慌神中拉回来。事情还没做，心力已经耗损掉一大半。很有意思，当我不去搭理这些恼人声音的时候，事情却成功了，幸福体验来临了。

很多时候，个体不敢感受幸福，不敢回味幸福感受，甚至不敢去再次体验幸福过程。他们担心下次不会这么幸运，完全不敢靠近当下的幸福体验，害怕失去，同时不敢在脑子里去预设未来会幸福，担心自己失望大过希望。于是，不让自己有获得幸福的希望，甚至不断在大脑中去构建失败后的体验，一遍一遍去重复、练习失败，结果，真的失败了，幸福真的失去了。自己还有点小得意，看，我多神啊，我预测的失败结果实现了，幸福体验就这样在“预测失败”中一点一点被消灭了。

核心自信是一种可以培养的心理能力。

你相信自己吗？有多相信？这两个关键问题组成了个体的自信水平，影响个体做事的成功程度和获得幸福体验的可能性。“自我”认知信念的核心是“核心自信”，即自己信自己，以及多大程度上信自己。“核心自信”强的人相信自己有获得幸福的能力，且发自内心相信“我是好的”，并允许自己投入幸福体验中。

做事成功或达成目标的关键因素，不在于你拥有多少资源，也不在于你何时开始行动，因为永远没有完美的起点，达成目标的核心在于你是否愿意冒险去相信自己可以达成目标，以及你在多大程度上相信自己可以实现。

个体选择相信自己可以幸福，并相信自己可以通过行动去达成幸福，幸福体验就开始了。当你笃信生活中的乐大于悲，相信自己可以获得幸福体验，并且坚信自己可以在任何情况下拥有选择幸福的心理能力，那还有什么能够阻挡你去体验幸福呢？自信是一种心理能力，自己主动选择幸福信念，并且坚定地去实施幸福行动，自信地选择幸福，你将掌控幸福生活。

“核心自信”不强的人常常不了解自己的价值观，不知道自己想要什么、不想要什么，在生活中很难果断做出决定。特别是面对重要生活抉择时，他们头脑会反复琢磨、行为犹豫不决，情绪感受会出现波动，幸福觉察能力弱，无法将注意力集中到当下的生活中，去获得幸福体验。“核心自信”不强，相当于将幸福按钮亲手交给了外界，自己失去了幸福掌控感，也将失去幸福，因为自信不足的表现之一是放弃选择，比如放弃选择幸福。

如何获得自信？练。

跟投篮一样，反复在生活中练，练习自我信任的感觉。自信不足，可以通过建立稳定“自我”认知信念和强化“核心自信”慢慢提高。最简单的练习方式就是常常体会和询问自己想要什么，跟随自己内心做选择。做选择，是“自我”力量的源起；去练习，是自信力量的强化。一个总也不主动选择的人没有办法建立“核心自信”，一个不选择幸福的人同样无法获得幸福体验。

练习获得自信，可以在生活中寻找小成功经验，提升自信心。可以在一天的日程中，设定几个必须完成的小目标。每个小目标的完成时间不要超过 30 分钟，尽量均匀分布在一天的日程里，做你喜欢的事、擅长的事，以及可以带来成功感受的事。

在完成小目标的时间里，高度专注，集中精力去做这些事。每完成一件事，就鼓励自己一次。晚上整理一次全部完成的内容，再次确认满足感。从小事件开始，慢慢积累价值感，自己的核心自信感就渐渐建立起来了。同样，在生活中，去寻找“小幸福”体验，渐渐积累，形成幸福自信，建立“我可以幸福”“我值得幸福”的幸福信念。

自信不会突然而至，它是在无数次微小自信中积累起来的。幸福不会突然而至，它来自选择幸福，来自幸福行动。现在就开始学习自信吧，行动中的反馈、日常中的冥想、冒险中的收获，都可以帮助你增强“核心自信”。自信地去选择幸福，幸福体验就开始了。

选择幸福的第七个密码是：**建立核心自信，并勇敢地选择幸福**，见图 2-8。

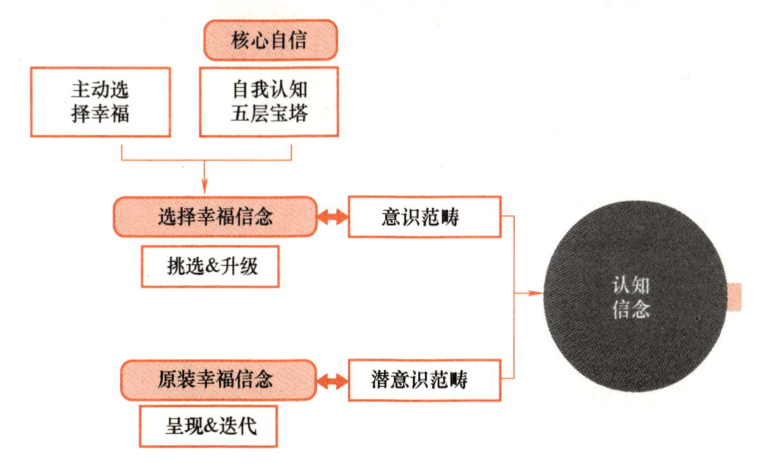

图　2-8

觉察笔记10 “自信时刻”

请在安静的环境中完成。觉察生活中的某个“自信时刻”积极情绪体验的场景、事件或时刻，写下当时的情景、想法、感受和行动。

1. 情景：

____。

2. 想法：

____。

3. 感受：

____。

4. 行动：

____。

本章小结（见图2-9）：

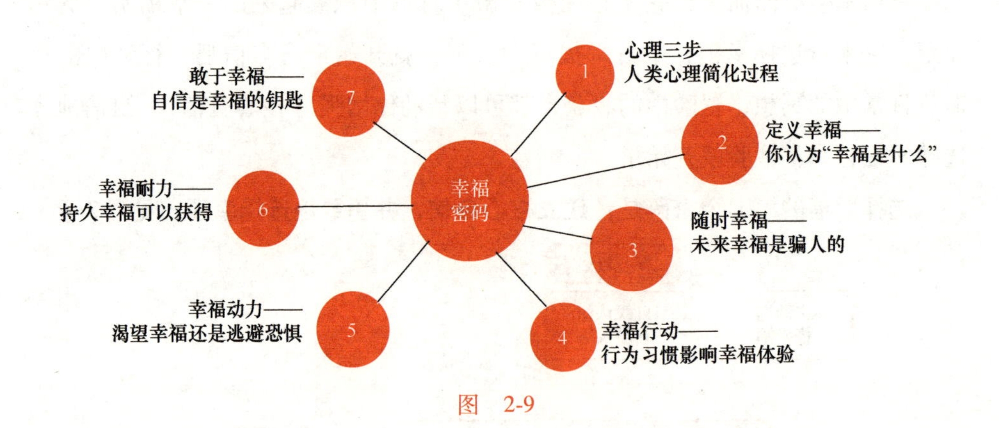

图 2-9

第三章

拥有“幸福生活魔法书”

读到此处，你已经走出了三个幸福误区，破解了七个幸福密码，获得迭代“原装幸福信念”、提升幸福觉察和改变幸福行动的幸福能力，以及通过“自我认知”五层宝塔开始深入了解自己，获得选择幸福的核心自信。这一切，都为你选择幸福生活做好了准备。

接下来的内容将帮助你呈现和重构心中的幸福生活，这个幸福生活的样子来自你的内心，可能你并不知道，也可能与你此刻的生活完全不同，但是它来自你的内心深处，仅仅是想到它你都可以感受到幸福。

选择幸福，想要获得幸福体验，实现心中幸福生活，你需要先有一个幸福生活的样子，这个幸福生活的样子将从幸福目标升级为“幸福生活魔法书”，那么幸福体验从此刻就开始了。当下的幸福体验和未来的幸福期待，不是对立关系，我们两个都要，它们将同时出现在“幸福生活”内容里。如此刻幸福，未来即美好。

一、幸福生活魔法书——幸福生活清单

未来没有秘密，命运的秘密都在当下的生活中，在你的认知信念、情绪感受和行动选择中。明天会不会跟今天不一样，明天会不会有好运气，明天会不会实现幸福生活，这些预测未来的秘密，不在别处，都在自己内心中，都将以习惯性潜意识信念和无意识行为习惯呈现。在你的“幸福生活魔法书”中写下你心中向往的幸福生活，是给自己的生活承诺，而承诺本身是你实现幸福生活

的动力。

未来可以预测。

我母亲在东北小镇城乡接合部某菜市场做小买卖，属于不劳动就没有收入的那种个体户。母亲特别能付出辛苦，一年到头，春节会休息一周，因为老主顾们也是这个时间休息的。其余时间，母亲几乎全年无休地勤奋工作。她说，不能休息太久，否则常来买东西的人就跑去别家买了。即使这么辛苦劳作，母亲依然对未来充满不安。对于母亲来说，“幸福生活”不在当下，她期待未来幸福，而未来是什么样子的，会不会幸福，她心里没底。

每年春节休息那周，母亲必会虔诚地去一个“大姐”家，带上礼物和钱，请“大姐”给预测来年的生意光景和家人健康，母亲必问“大姐”她会不会有发财机会，家人如何保平安，这些是母亲感觉不安的具体性焦虑问题。有时候，“大姐”会眉头紧锁，口吐几口烟圈，说出点不好的事儿，母亲的眉头也就跟着拧在一起，脖子探出去，问“大姐”如何破解。离开前，母亲会获得几个红色的小布包，指甲盖大小，心满意足地离开“大姐”家。

在印象里，母亲就这样过了几十年，直至我生了女儿，母亲从东北来到北京定居，她再也不去“大姐”家了。她说，她想要的幸福生活都实现了。“大姐”给母亲预测的未来都实现了，生活顺利、家人平安、女儿考上大学。实际上，母亲心中对幸福生活细节的构建，已经在跟“大姐”之间的简单聊天和问答中一一呈现，即使她从来没有意识到她曾经担心的、焦虑的、恐惧的那些生活问题，也是她心中希望获得的幸福生活的模样。

事实上，预测未来的秘密不在“大姐”的烟圈里，而在母亲日复一日、年复一年的劳作中。“大姐”说出了母亲的潜意识信念，母亲感受到接纳的力量，感觉到“灵验”后的信念动力，坚定行动选择、继续勤劳工作，以获得收入，养活家人。一个日日劳作的母亲的幸福生活是希望自己勤劳致富，家人平安顺利，唯一的女儿可以不用通过辛苦体力劳作去过生活。她相信勤劳可以让家人吃饱饭，可以供女儿上学，她笃信明天会更好。她每日的幸福信念和幸福行动，让她感觉踏实。

未来可以预测，你的此刻就是未来。从今天到未来是一个又一个时间点的累积，你不去主动选择，潜意识就会掌控你的选择。从生活轨迹的发展方向看，人都是一样的，从生到死。不同的是生和死之间的生命曲线如何连接，这一秒和下一秒的连接方向和方式的不同。在这些哒哒哒不停向前的时间点，你是否感受到幸福体验；在某个时间段，你是否有幸福体验；从一生的生命曲线看，你的整体感受是否幸福，这些体验大致构成了你的生活总体幸福评价。

与其预测未来，不如选择幸福。

《赢家法则》作者舍费尔曾写道：“预测未来的最好方式是去塑造它。”关于幸福体验，与其被动等待幸福，不如主动选择幸福，而开始行动选择的最好时间就是此刻。此刻有当下的体验，更是未来的模样，此刻幸福，未来大概率会幸福。

曾经一位女性来访者在咨询中表达出深深的悲伤和无助：“为什么我这么勤奋和努力，还没有获得幸福体验呢?”在深入分析后，来访者挖出了自己“原装幸福信念”中的一个隐藏角落，原来她一直默认“自己不会拥有获得幸福的好运气”。她一直在幸福误区中徘徊，何以获得幸福体验?

锁定自己的愿望，就是塑造未来的方向。选择幸福时，同样需要有一个“幸福生活”模样，模样越详细，越能实现自己的幸福。但是，此时你要做的不是急于找到幸福的模样，反而是退回寻找方向之前的那一步，就是体验生活和觉察感受。你要做的是提升幸福觉察能力，多多去体验生活，在具体生活的不断尝试和探索中，找到自己心动的时刻、喜欢的人和适合自己的生活方式。渐渐地，心中的幸福生活方向和具体内容就会在觉察感受中渐渐呈现出来。

塑造未来的幸福生活离不开当下的现实生活，它不是头脑的思考，更不是缥缈的想象，而是在投入到生活体验中，经由幸福觉察获得幸福体验后的内心确认。这个过程是长长的体验生活，你不用着急，也着急不得，饭得一口口吃，幸福生活需要一点一点去构建。

现在，我把塑造幸福生活的“魔法”分享给你。也许，你正在塑造幸福生活的过程中，在寻找“幸福体验”，也许你还不曾想象过自己可以塑造幸福生活的样子，也或许你仍然处于幸福误区中，这些都没有关系，接下来我要分享的幸福魔法将帮助你实现从当下就置身幸福生活中，获得幸福体验。

更神奇的是，当你下定决心塑造“幸福生活”时，幸福体验实际上就已经开始了。你大脑中第一条关于塑造“幸福生活”的神经回路刻画已经完成了，幸福生活已经启动。积极心理学之父塞利格曼在《活出最乐观的自己》中写道：“有选择权是人生保持乐观的主要因素之一，而乐观是获得幸福的最重要因素之一。”

你可以创造自己的“幸福生活魔法书”。

请找一个安静的地方，放松自己，深呼吸几次，在一呼一吸之间，去平复自己的心情，使内心回归安静。从此刻开始，敞开自己，跟内心感受联结，写下自己此刻头脑中呈现的幸福生活内容。不做任何评判，仅仅是把此刻自己头脑中、感受中关于幸福生活的样子和构想用笔在纸上呈现出来。创建你的“幸福生活魔法书”，描述出你心中幸福生活的样子，这是深入理解自己和整理自己的过程。幸福生活内容既包含了对客观生活的描述，也包含了内在心理体验；既有对当下生活的认知和思考，也有未来生活的意义、目标。经由深入自我的书写过程，你会与真实的自己相遇。

你可以将这一过程理解为表达性书写过程。在《书写的疗愈力量》中，作者提出可以书写“未来最好的自己”等内容。比如，想一想你的未来生活，写一写，如果你努力工作、成功完成所有人生目标的话，会是怎样一幅景象。这种表达性书写可以表达内心的想法，减轻压力，缓解负面情绪，提升身心健康。

我们常常忙碌，忙于完成计划，推进工作，没有丝毫的时间停留下来，留给自己。你是否可以在看到此处时，给自己留出一点时间，比如30分钟，拿出笔和本子，跟随书中内容节奏，写出自己头脑中的幸福生活内容。放松，是内心最好的呈现状态。

人类大脑优先处理明确信息，当你将“幸福生活”这四个字写下的这一刻，你的幸福生活实际上就开始了，因为此刻你专注于当下，心中对未来充满期待，美好体验从当下就开始产生。从零开始，写下幸福生活的第一笔，是从无到有的变化，你开始跟自己的幸福以指尖相触，从此刻开始塑造幸福生活。此刻，指向心中的“幸福生活”开始慢慢呈现，不用担心，也不必过多思考，写下让你感觉幸福的那些生活细节、状态和环境，可以是过去发生过的场景，可以是当下的生活，也可以是头脑中想象的生活。未来在幸福行动的持续体验中，你会慢慢修正、调整幸福生活内容的细节，直到确认或内心笃定这就是自己想要的“幸福生活”，且相信它会实现。

写下你的幸福生活，或者呈现你内心此刻对幸福生活的想象，尽管幸福生活可能指向未来，但它是对此刻生活的内心投射和刻画。未来的某一刻，你对幸福生活的构想也许会变化，也许不会变，这都没有关系，核心是你一直知道，自己可以主动选择去实现自己想要的幸福生活。写下你此刻幸福生活内容的底稿，从你写下幸福生活这一刻开始，你幸福生活的第一个点就开始了，你的手已经触动了幸福按钮。

在寻找、挑选和决定幸福生活内容的过程中，你会看到很多风景，遇到很多有趣的人，会经历暴风雨，可以看到彩虹，而这一切会使你更加笃定你想要的生活内容和幸福体验，那些你试过不想要的生活，可以坚决放在身后。那些你试过喜欢的生活，带上它，继续前行。塑造幸福生活，是主动选择的过程，我想这就是生命的意义。毕淑敏老师说，生活本身没有意义，人的一生就是给自己的生活赋予意义。

此刻，放松自己，回归安静，敞开自己跟感受联结，不做任何评判，把此刻自己头脑中、感受中关于未来“幸福生活”的样子和构想，用笔在纸上呈现出来，你想要的幸福生活和人生意义，就在这个本子里，我们称这个本子为“幸福生活魔法书”。在你寻找的过程中，你会慢慢在这个魔法书中增加、修改、调整你的幸福生活细节，幸福生活就在你写下的一笔一画中。

最重要的是，此刻拿起笔的你已经在幸福生活之中了。写下，即开始。记住，你写的每一个字都将实现。写在“幸福生活魔法书”中的内容是你给自己的幸福承诺和生活目标，一个明确的生活内容可以让你集中注意力，沉浸到生活中，同时可以让你内心平静地找到实现路径。

或许你可以准备一个新本子，在里面写上自己的名字，并加上“幸福生活魔法书”，比如“晓娜的幸福生活魔法书”。如果你想再郑重一些，可以去喜欢的文具店，找一个自己喜欢的本子。如果没有喜欢的文具店，就去离你最近的文具店找吧。近，就是即将到来。

请写下你心中幸福生活的样子：

我内心平静，自我信赖、敞开自己；

我拥有时间安排的自由选择权，我自己来决定时间如何分配；

在温暖、通风、明亮、整齐的屋子里写作和工作，最好带一个茶室可以做心理咨询、可以会友，装修风格以白色为主，风格简单；

精进自己、优化生活，使自己不断成长和收获；

周围都是我可以学习、请教的人，有意义且有价值（我把“有意义”放在了前面）；

可以通过学习不断去满足自己的好奇心，分享出去，并以此为生（这是我的天赋）；

可以保持健康、美丽和有趣；

可以去看看世界的样子，去体验很多不同的感受；

跟家人在一起；

有三五个谈得来的好友；

希望可以成为畅销书作家和心理科普网红，影响更多的人，帮助他们有勇气选择幸福生活，实现幸福生活。

以上是我写于 2019 年 12 月 17 日的“幸福生活”内容清单。

如果你不知道如何开始，可以尝试回答下面的问题。请在心情平静、感觉舒适的状态下写出这些问题的答案，在这样的时刻和状态，也可以给自己一点仪式感，带自己走入舒服的状态里。我会选择在一个人的时候进行，打开喜欢的香薰，播放喜欢的音乐，戴上喜欢的戒指。

请尝试通过回答下面的问题，写下你心中幸福生活的样子。

1. 穷尽一切想象，你想要的幸福生活是什么样子？越具体越好。

____。

2. 如果给你完全的自由，你会做什么？

____。

3. 你的生活底线是什么？

____。

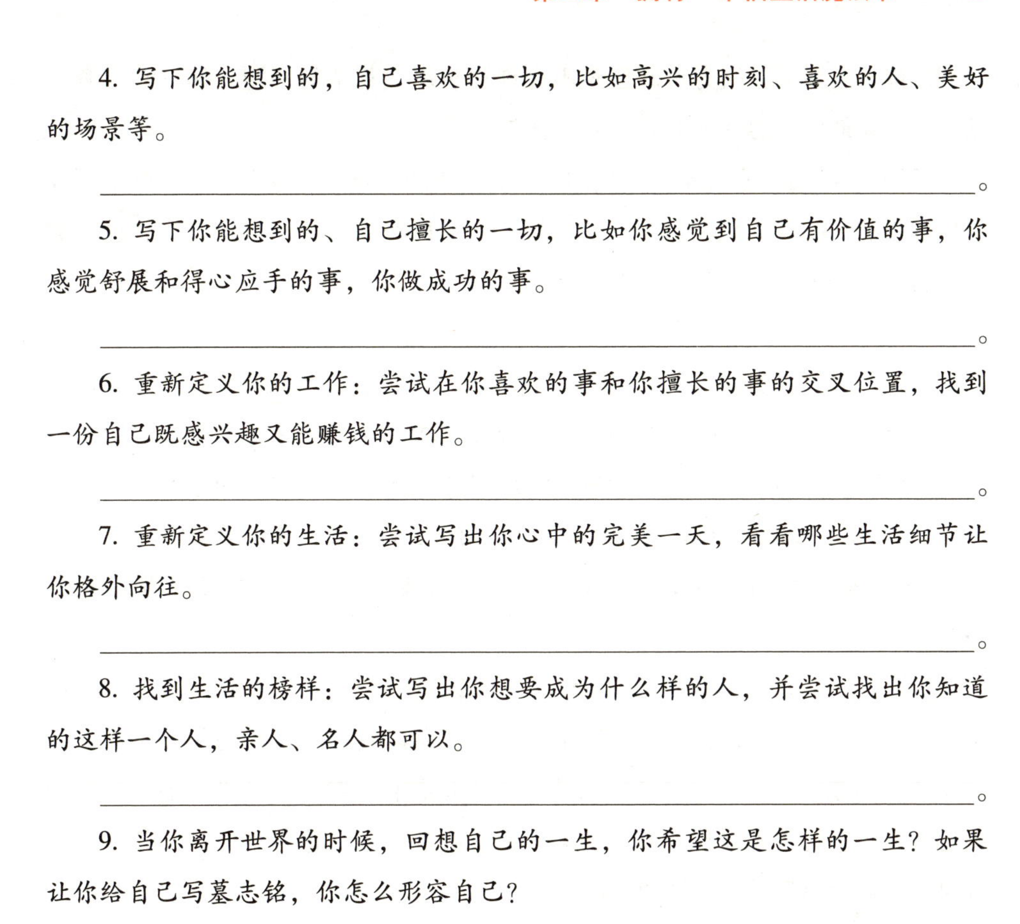

4. 写下你能想到的，自己喜欢的一切，比如高兴的时刻、喜欢的人、美好的场景等。

______________________________。

5. 写下你能想到的、自己擅长的一切，比如你感觉到自己有价值的事，你感觉舒展和得心应手的事，你做成功的事。

______________________________。

6. 重新定义你的工作：尝试在你喜欢的事和你擅长的事的交叉位置，找到一份自己既感兴趣又能赚钱的工作。

______________________________。

7. 重新定义你的生活：尝试写出你心中的完美一天，看看哪些生活细节让你格外向往。

______________________________。

8. 找到生活的榜样：尝试写出你想要成为什么样的人，并尝试找出你知道的这样一个人，亲人、名人都可以。

______________________________。

9. 当你离开世界的时候，回想自己的一生，你希望这是怎样的一生？如果让你给自己写墓志铭，你怎么形容自己？

______________________________。

10. 你心中“幸福生活”的完美一天是什么样子？越详细越好。

______________________________。

以上的问题，从哪一个问题开始都可以。关键是放松地去写，即使没有思路也没有关系，空着就好。带着觉察去生活，你会慢慢找到心中的答案，再写下你想要的幸福生活。比如，我心中关于幸福生活的一天是这么度过：早起冥想，瑜伽，吃饭，之后开始写作，中午简单吃一餐，下午处理工作，晚上可以读书，和家人在一起沟通。

写墓志铭的部分，对国人来说是有所忌讳的。家里的老人常常不让我们提“死”这个字。忌讳是一种对命运的忌惮，也是对不可控人生的畏惧，担心自己跟负面的事情产生关系，影响运气。实际上，写墓志铭是一种终局思维，在自己站在人生终点的那一刻，你心中矛盾的、不定的、犹豫的、在乎的、厌烦的一切，都不重要了，因为时间已经不允许你想那么复杂的问题，你只能直奔主题，找到你最想要的幸福生活，去实现它。

2020年10月，重读本书手稿的时候，我更新了自己的墓志铭（实际上，我死后的心愿是没有墓地和碑文，我希望骨灰可以进入大海，自由自在，也不需要祭奠。），如下：

她，活过。

（我希望）我的一生勇敢，跟随真相去生活，做自己想做的，并为之负责；

（我希望）我的一生真诚，对自己真诚，跟随内心意愿去选择生活；

（我希望）我的一生踏实，拼尽全力去做，做到自己超满意的水准；

（我希望）我的一生柔软，相信爱、接纳爱、给予爱，做到尊重和看见；

（我希望）我的一生正直，有节操、有底线、有担当，不做违背道义的事情。

（我希望）我的一生平静，专注生活、沉浸其中。

墓志铭实际上是自己当下对生活的期待，所以我在墓志铭的每一条前面增加了“我希望”这三个字。墓志铭是结论，也是生活方向。将“幸福生活”的内容和墓志铭的内容对比，我们会看到有重叠的内容，这些重叠内容就是自己此刻内心对幸福生活的向往和期待。

记住，寻找幸福生活是个过程。从现在开始，从写下“幸福生活魔法书”第一页开始，幸福生活就开始了。我们可以在每一天里，将幸福生活部分的内容比例增多一些，再多一些。随着时间的推进，幸福生活的比例渐渐从一个点，到一条线，从10%到20%，自己在“幸福生活魔法书”上写下的内容从无到有，就这样实现了。

这是一本“幸福生活魔法书”，当你翻看它时，你会看到生活变化会像魔法般呈现，很神奇。是的，就这么简单而又神奇，幸福生活从你在自己的魔法书写下“幸福生活”四个字的时候，就悄悄地开始了。一个明确的幸福生活目标也是一份承诺，可以让我们集中注意力，找到实现幸福生活的最佳路线。

下面介绍“幸福生活魔法书”使用说明：

1. 第一部分——幸福生活清单。首页，写上“××的幸福生活魔法书”，注明时间和地点。之后留出5~10页的空白，你随时可以修改、填补或减少你幸福生活清单的内容。第一次写出你的幸福生活蓝图，要标注出时间；之后每次修改时，同样标注出时间。渐渐地，你可以看到在时间轨迹下自己和生活的变化。

2. 第二部分——幸福觉察笔记。建议你每天在“幸福生活魔法书”上做记录，记录当天生活中自己感觉到幸福体验的1~3件事情或场景，按照“想法”“感受”和“行动”分别记录下来。在此部分，你可以重复进行本书中的觉察笔记，以帮助自己不断深入认识自我。

选择幸福生活的过程也是自己生活信念的修正之路。此刻你坐在桌子前，手捧我的书，感受着头脑中出现的幸福生活模样，你仅仅可以用到的素材都是过去经历中的挑选和你知道的世界内容，而你真正的幸福生活可能在当下，也可能在未来，它从当下指向未来，也许它还没有出现，都没有关系，带着觉察去生活，不断搜集素材，幸福生活会慢慢呈现出轮廓，直至清晰。

自己对幸福生活的构建和想象其实很局限，仅仅在我们了解、知道的素材里去组织内容。这种局限其实是匮乏，匮乏到你以为自己现在所了解的就是全世界。没上大学之前，我18年的成长生活是在东北某一城乡接合处的小镇上度过的，没出过我们县城。18岁去吉林大学读书时，我才知道自己说的家乡土话跟新闻联播播音员说的不一样。曾经，我和我的同学们，都以为我们说的是普通话。别笑，这是真事儿。因为我的东北辽南土话，大学时给自己招致很多笑话。原因很简单，我从没有在现实中听过普通话。没有现实的体验作为比较，我不可能发现自己说的不是普通话。同样，没有体验过的生活，怎么知道它不可以放在幸福生活中呢？

塑造幸福生活是一种探寻、体验后的决定，是挑选，是在丰富体验中的挑选。你看过海南的温暖沙滩、新加坡河的日落美景和沙漠草原的四季后，再静下心来，想要生活的样子会浮出水面。

想获得丰富的“幸福生活”素材供自己挑选，我的体会有两种：直接体验和间接经验，这是人类学习的两种方式。直接体验是自己去体验，去经历。体验丰富的人，会建立自己的认知理念体系，不断修正之前的认知，丰富积极信念，删除消极信念，不断迭代“选择幸福信念”。

间接经验是看别人的活法。间接经验可以挑选，用以丰富体验可选择项和可供挑选的幸福生活素材。用间接经验挑选后，再去尝试，即可获得直接体验。

直接体验是“自我认知五层宝塔”的第一层，直接体验可以修正“自我认知”，增强“核心自信”，幸福体验早晚会来到。让别人给建议，那也是别人的人生，是间接经验，可以听听，可以试试，可以参考。可读再多的书也过不好这一生，就是听了、看了太多的间接经验，没亲自下过场遛遛，直接体验为零，肯定就是这个结局。这一生，就一次，试试看呗。

幸福生活是获得幸福过程中的一个目标、一个方向、一个蓝图，更是此刻生活的内心投射，我们需要集中所有的精力和资源去实现它。实现幸福生活不是在头脑中想象，不是自己笔下随便写的生活样子，而是一个实现计划。自己在制订幸福计划去实现幸福生活之前，要尽可能呈现此刻心中的幸福生活模样。尽管，未来它会发生变化，但如实呈现当下心中的幸福生活模样，就可以了。

觉察笔记 11 “幸福生活魔法书”

请在安静的环境中完成。写下此刻你心中幸福生活的内容和墓志铭。

1. “××的幸福生活”：________________________________。
2. “××的墓志铭”：________________________________。

二、幸福价值观——心流当下、美好未来

“我想有一个小院，小院中有几棵竹子，几棵果树，还有一只小狗，种上很多绿植，最好还有个小池，池里有几条小鱼，还有一只休闲自在的乌龟。这就是我想要的幸福生活。可惜，我现在要天天带娃。幸福生活要以后才能实现了。”一位男士描述了他心中幸福生活的模样，认为这是未来的事情，与当下无关。

实际上，每个人都可以过上幸福生活，是在此刻还是未来，自己可以选择，主动选择权永远在自己手中。

停一停，重新评估生活。

你想要的幸福生活都会实现。每个人都可以选择幸福，核心在于你是否相信自己可以幸福，这是构建和实现幸福生活的核心因素，你的信心来自“自我

认知”五层宝塔中的“核心自信”。

“核心自信”决定了自己是否信任自己，以及相信自己的程度，“核心自信”强的人拥有“我能够做到”的内在信念和动力。当个体认为“我能做到”时，自然就会思考解决方法和实现路径，以及在实现路径上拥有不放弃的勇气。“核心自信”强的人，实际上已经在幸福生活之中了。而“核心自信”不足的人，甚至不敢去拥有“幸福生活魔法书”，更谈不上写出自己心中的幸福生活了。

你也许会说，不可能，自己现在过得糟透了，未来也没有机会获得幸福，更别提什么幸福生活了，当下生活已经心感艰难了。此刻的你，是否可以停下来？对，就在此刻，停下来，停止思考负面信念，停止强化消极感受，停止选择“糟透”生活的行为。

停一停，让自己在此刻停住，不再被大脑想象的焦虑和担忧牵着走。此刻，仅仅将注意力放在当下正在做的事情上，就在本书的阅读上，专注于文字，投入本书的内容。专注本身就可以带来积极的感受体验，心流在专注中产生，当下幸福体验就获得了。看，你可以选择当下是否幸福的，就这样，幸福体验在你的主动选择中来临。

停一停，至少先从生活强制轨道中停下来，特别是感觉当下很糟、未来灰暗、没有幸福体验的时刻。停一停，此刻的你需要重新去评估生活，重新去评估时间如何分配、健康如何保持、专注如何投入，以及如何提升价值感、幸福感和影响力等，尽力去提升自己的幸福体验。

塑造幸福生活的过程，实际上也是实现幸福生活的过程。实现幸福生活的前提是自己要描绘出心中幸福生活的样子。你敢要，并从心底笃信它会实现，生活就会给你所想要的东西，宇宙能量就会帮助你。《遇见心想事成的自己》的作者张德芬在书中写道：“宇宙是由能量物质组成的，不同的能量物质具有不同的振动频率，相同振幅的能量物质会产生吸引力法则，心想事成的秘密就在于此。”心想，是心中敢于向宇宙发愿。这个“敢”，不只是想想，是心中笃定自己会实现目标，且信赖自己能够实现目标，坚定幸福信念，在行动选择上勇敢去实现，这就是核心自信的力量。

此刻的你，如果感到人生迷茫，或者根本不知道自己想要什么，只是每天在潜意识信念的推动下去机械化地生活，你就无法向宇宙发出内心的愿望。即使你可以发愿，你心中也并不能相信自己会实现它，这样的发愿是无效发愿。

每个人心中都有幸福生活的样子，静下心来，感受内心，拂去灰尘，它自然会浮出来。如果你的经济条件允许，最好给自己一段空白时间，从惯常的生活和工作强制轨道中脱离出来，找到一个陌生的地方，安静、安心且无人打扰，去深入自己的内心，慢慢感受心中幸福生活的模样，把“幸福生活”的样子慢慢写出来。写作是呈现潜意识的有效方式之一，可能在探索内心想要的幸福生活的过程中，你已经获得了幸福体验。

幸福生活有两大类目标。

在成长过程中，我们被教导树立了大大小小的目标，小到每天完成日常计划，大到做职业规划和人生计划，但是如果仔细去考量这些目标，你会发现自己一直追求的都是结果类目标，往往忽略了带来人生积极体验的状态类目标。

如果此刻你正在书写“幸福生活魔法书”，我建议你将内心想要的幸福生活内容大致分为两类去呈现，分别是结果类目标和状态类目标。结果类目标指向外部世界，是外部驱动，例如权力、金钱和名气，以及学习成绩和学业学历等，是以某一时点拥有、获得或达成作为实现标准。状态类目标指向个体内在的心灵状态，是内心体验，例如平静、美好、友善以及幸福体验等，是一段时间的内心感受和生活状态。状态类目标组成了结果类目标的实现过程，而结果类目标是某一时点状态类目标的结果呈现。

一直以来，我们都以具体明确的“**结果类目标**”作为幸福生活方向。小学在作文课上写未来梦想时，我们可能会写要考上重点中学；中学在日记本上写未来梦想时，我们可能会写要考上重点大学；大学时心中的梦想可能是能够在大城市定居、买房买车等。当这些**结果类目标**都实现时，我们却迷茫了，不知道要为之奋斗的下一个幸福目标是什么，或者继续马不停蹄地寻找下一个目标，周而复始地去努力，而不敢停下来。

幸福生活内容是穷尽头脑中现实体验和想象素材的生活内容组合，当然其中还加上了有限的想象力。在实现幸福生活的过程中，你或许会修正甚至修改你的幸福生活具体内容，但这不重要。对！修正、修改幸福生活具体内容并不是核心，核心是你一直在自己内心想要的幸福生活状态中，就一直会处于幸福生活的体验中。变化的只是幸福生活的具体内容和形式，变化的仅仅是“结果类目标”，而内心想要的“状态类目标”在一开始建立时，就已经在实现了。

比如，你之前喜欢社交，混迹于各个社交圈子，你认为认识很多人就是拓展人脉，自己有价值感，但是随着自我成长和深入自我认知，你修改了生活内容，放弃了无效社交，更加关注于灵魂朋友，你对价值感这一“状态类目标”有了深入理解，于是生活的具体内容发生了调整。

实际上，从你在“幸福生活魔法书”上写出第一个关于幸福生活的文字开始，你的幸福生活就开启了。这个幸福生活是从内在幸福感受开始的，这就是幸福生活的状态类目标的神奇之处，从你渴求“实现幸福生活”这一内在感受状态开始，这一感受体验已经开始在你心中实现了。

倾向关注结果类目标会导致你对实现过程的忽略，而实现结果类目标的过程恰恰就是个体内在心灵感受体验的来源，幸福体验常常出现在过程体验中。状态类目标是结果类目标的过程，状态类目标是人生的底层目标，它指向内在心灵，更是内在驱动性目标。状态类目标的体验过程是生活给予自己的“奖赏”，比如价值感、归属感和影响力等，在塑造和实现结果类目标之前，状态类目标就已经实现了。设定了正确的状态类目标，实现的过程一定对；过程对了，作为某一时间点的“结果类目标”一定会实现。

现在请翻开你的“幸福生活魔法书”，查看其中的每一条幸福生活内容，看看哪些是结果类目标，哪些是状态类目标，分别进行标注。

幸福生活从当下心流中开始。

在魔法书中，写下自己想要的幸福生活，你会看到自己想要的人生方向，走下去，这是勇气，更是自信。幸福生活内容越清晰、越具体，实现的概率就越大，因为吸引力法则会在最大程度上帮助你。那些隐藏在生活中可以帮助你实现幸福生活的因素都将显现，它们听到你的呼唤后来到你的身边，与你在一起。你会挑选资源、看到机会、找到人脉，去实现幸福生活。因为，你相信自己会幸福。

在“幸福生活魔法书”中，你的幸福生活内容都是自己喜欢的事物，内心喜悦、明确且笃信，幸福体验从此刻就开始了。心流之父米哈里认为：“心流体验是一种特殊的感知，其中的重要特征是注意力全部放在与当下的任务直接相关的事情上。”心流能够带来当下的快乐，因为我们喜欢和擅长某件事，所以会投入注意力和专注度，进而带来技能精通和心灵成长，个体会获得成就感和心流过程中的积极体验。

我们心中欢喜，才会对未来充满向往和期待，才会安心投注当下，进而获得此刻人生的小小心流体验，幸福生活就开始了。找到喜欢的事物，顺着它，幸福生活就开始了，那是内心渴望的方向。比如工作发展，找到自己喜欢并擅长的领域，一分一秒地欢喜，一个一个扎下亮亮的点；比如生活，找到自己的心流方向，留出心流的时间，一分一秒地欢喜，一个一个心流体验的时点留在心中；比如朋友，找到聊得来、玩得好的三五好友，一分一秒地欢喜，一个一个相聚的美好发生。

一条一条明亮的幸福时间线，越来越多明亮的幸福时间线，生命慢慢地被自己点亮，从最初的一个亮点，两个亮点，到一条明亮的线，一片明亮的域，这不就是幸福生活的呈现吗？幸福生活不在别处，就在此刻；幸福体验不在别处，就在当下。

做那些在当下就可以给自己带来小小心流体验的事情，确保我们此刻就可以获得幸福体验。这些心流时间中明亮的一分一秒，是生命中属于自己的幸福明亮点，回身望向过往，一闪一闪是幸福的标记。氧气稀薄时火会熄灭，而心中欢喜和幸福感受就是生命的氧气，自己找到的幸福明亮点会越来越多。

如何找到喜欢？

带着觉察去生活，去留意生活中一些反复出现的让自己感觉好的时刻、场景和事件，留出时间，专注、沉浸其中，寻找自己的心流时刻。从小事件开始，再把它延长到更长的时间段里。巩固心流产生的感受，反复体验就是巩固。建立心流时刻小档案，获得满足，获得欣喜，找到内心的亮光。写作和读书是我喜欢的事，我可以专注并沉浸其中，获得生活中的心流感受。每天留出固定时间，在安静中进行写作和读书，这就是我的心流时刻。

你可以每天给自己留出独处的时光，哪怕只有 15 分钟，完全沉浸其中，这是每天给到自己的心灵滋养。这些小小心流带来的欢喜时刻是生活中的珍珠，再小也要捡起它。在这样一个独处的时刻，只做自己喜欢的事。每天读书 15 分钟，把自己喜欢的书放到包里，独处时候拿出来，专注其中。每天用 15 分钟写认知笔记，在睡觉前或清晨完成，或者在你可以留出的任何独自时间里完成，强化体验。再忙碌，15 分钟独处足矣。

在幸福生活魔法书中，你可以建立一个“今日份心流”的系列日记话题，记录当天的小心流时刻，如今日份读书、今日份运动、今日份笔记，都是可以的。寻找、记录并反复体会那些自己喜欢并可以沉浸在其中的小小心流时刻，沉浸在其中，并有意识地延长这份心流时刻的时间和体验质感。渐渐地，你会发现自己对生活和周围人的感受度发生了变化，自己的体验更加鲜明，内心渐渐平静，更重要的是你在做选择时的方向更明确了，那就是以幸福生活为标准。同时，那些熟悉的人和事，仅仅因为自己的觉察代入、心流注入，你的感受开始不一样了，而你整个人开始熠熠生辉起来，因为心灵感受到平静的内在滋养，你从内而外焕然一新。

此时回看自己的幸福生活内容，看看哪些是在当下就可以实现的，哪些是自己的小心流，如果此刻能够实现，就不要等待了，从此刻就开始吧。用 15 分钟去完成幸福生活内容中当下就可以实现的一项内容，不必等到未来，就这样，幸福生活就从当下心流开始了呢，“幸福生活魔法书”的神奇之处也开始显现。

幸福生活魔法书中关于幸福生活的状态类目标都是当下可以选择实现的内心状态，是此刻可以实现的心流状态，如果你愿意，随时可以选择实现，因为内心感受和心灵状态可以通过自我选择和感受调整来实现。或者说，“幸福生活魔法书”中的“状态类目标”确保你从当下就可以实现幸福生活。幸福体验不在未来，实现幸福生活不用等到未来，而是随时可以调整，以获得幸福体验。

幸福生活在美好未来中获得。

“幸福生活魔法书”中关于幸福生活结果类目标的有些内容在此刻无法实现，但未来大概率会实现。当我们在当下能够笃信未来一定会实现心中目标时，相当于我们确定了未来的欢喜，幸福信念更笃信，行动选择更坚定，而这份心中的笃信、坚定和行动力为实现幸福生活铺好一条喜悦的通道，这一实现过程自然就带来了幸福体验。

《幸福的方法》一书中写道："幸福绝不仅仅是愉悦的情绪体验，我们更加需要这种愉悦感的来源是有意义的，我们真正需要的是那些让我们从内心感到有意义的目标。"幸福生活内容中的结果类目标必须是来自我们内心的真实需要，与我们人生的意义感和使命感紧密相关，这些目标的选择必须确保它符合我们自身的价值观及生命愿景。

但是，不是所有的结果类目标都会在未来实现，也不是所有结果类目标的实现过程都会带来幸福体验。实现过程能够带来幸福体验且大概率会实现的结果类目标有三个特征，你需要按照这三个特征，重新考量自己幸福生活中的结果类目标，确保这些目标内容同时符合这三个特征。

第一个特征：选择具有时间长久性的结果类目标。最好让这一目标的实现节点可以长久至一生，比如健康、读书、获得财富能力等。这些结果类目标不关注某一个时间点的目标结果是否达成，而是关注持续一生的能力。当一个结果类目标的时间可以拉长至一生时，这一结果类目标实际上已转化为状态类目标。而状态类目标的最大特点是通过个体内在心理状态的调整，在当下就可以实现。在你的幸福生活中，最好设定几个终其一生追求的结果类目标，哪怕只设定一个，并做到了，就可以使自己始终生活在幸福生活里，这岂不是人生的高级状态?

第二个特征：选择非竞争性的结果类目标。幸福生活内容具有个性化、主观化的特点，我们无法衡量不同人之间的幸福生活具体内容的高低和好坏。如果你的幸福生活内容中有与他人比较的竞争性内容，建议你进行调整。比如"保持健康美体体重"对身高 165 厘米的女性来说，就是非竞争性目标。如果这名女性将目标设定为"比好友轻 10 斤"，这也可能是健康美体体重，但目标设定出现了竞争性，设定目标的个体将失去对目标的主动选择权，因为体重目标实现的比对标准是他人，意味着"失控"。那要不要跟自己比，比如"比去年的自己瘦 10 斤"，即使是跟自己竞争，也需要修改，因为曾经的你和现在的你已经大不相同，我们只关注此刻的自己和未来的自己。

第三个特征：选择可转化性的结果类目标。结果类目标通常是在未来才会实现的目标，结果达成，目标实现。但是，结果类目标背后的内心需求可以在当下实现，通过将未来结果转化为当下内心状态的方式，可以将未来实现的结果类目标转化为当下就可以实现的状态类目标，需要在未来开启的幸福生活当下就可开始。

还以减重到理想身材的目标为例，我们可以通过“保持100斤体重”来将“减重到100斤”的时点性目标修改为状态类目标，而“体重保持100斤”目标的设定是以当下流行的身材标准为依据制订，具有竞争性。我们可以将其修改为“保持健康美体体重”的非竞争性目标，是自己可以主动选择并实现的生活目标。但是，如果我（166厘米）现在130斤，离100斤体重还有30斤，且需要一段时间来达到健康美体体重，我可以通过建立健康的饮食和运动习惯来修正这个目标，于是去掉目标的时效性，同时将未来才能实现的结果类目标转化为状态类目标。“建立健康的饮食和运动习惯”这一目标同时具备了非时点性、非竞争性和非时效性，可以成为幸福生活内容的一部分，成为幸福方向。

虽然与过往的全部生活相比，现在的幸福生活比例还是很小的部分，但重要的是，“幸福生活魔法书”中的幸福生活已经开启了。2020年腊月三十下午，我在妈妈家的客厅里写作，温暖、明亮的环境，这就是我在幸福生活魔法书中想要的幸福生活结果类目标之一啊，它已经实现了呢。我主动选择在春节七天假期里闭关写作，我主动选择心流当下，幸福生活就这样开始展现出来了。

打开你的“幸福生活魔法书”，重新查看其中的每一条内容，再次确认状态类目标是自己内心想要的心灵状态。同时，按照上面的三个特征逐条对结果类目标进行确认，你想要的这些“幸福结果”背后的内心状态是什么？这个结果是唯一的选择吗？自己内心是否笃信可以实现？如果回答三个问题后，你依然坚定这个结果类目标，那就将它郑重地放在“幸福生活魔法书”里，等待它的实现。

“幸福生活魔法书”可对生活点石成金，其中的幸福内容就是实现它的魔法。这一魔法的神奇之处在于，你不必苦苦地等待未来的幸福，而是当下就可以开始幸福生活了。《幸福的方法》一书中写道：“我们需要意义，也需要快乐；我们需要现在获益，也需要在未来获益。”

人生指向未来的幸福生活从当下的状态类目标实现就开始了，而那些结果类目标经过三个特征的修正和调整，我们确定了幸福方向，当下去做就是了。当我们知道自己此刻就在通向未来幸福的道路上时，这个达成的过程就是幸福生活本身。

觉察笔记 12 “找到喜欢”

觉察活动：如何找到自己喜欢的事，带着觉察去生活，你可以按以下方法去做。

1. 带着“第三者”视角的意识，有意识地观察自己。

2. 高兴的时候，停一下，问自己为什么高兴，3~5 秒即可。

3. 悲伤的时候，停一下，问自己为什么悲伤，3~5 秒即可。

不知道干什么的时候，多读书和运动，因为你会产生多巴胺，刺激大脑将这些事在神经系统中标注为“我喜欢的事情”。每天记录认知笔记，至少坚持 100 天，多跟人分享。

三、幸福三元素——时间、关系和财富

幸福生活的内容越清晰，幸福体验就会越早到来。你手中的“幸福生活魔法书”就是你心中想要的幸福生活内容，每天打开它，欣赏它，因为其中的每一条内容都是你亲自挑选的幸福内容。如果你心中的幸福生活内容还不够清晰，“幸福三元素”可以给你启发和帮助。

“幸福三元素”指幸福生活可以包括的三个重要生活领域内容，包括“你拥有的”时间、“你构建的”关系、“你影响的”财富，你可以分别从时间安排、关系挑选和价值交换三个领域，进一步调整和优化幸福生活魔法书中的具体内容，在获得幸福体验的同时，使幸福生活实现为更符合你的人生愿景。

下面介绍“幸福三元素”之“你拥有的”时间。

“人的一生”从整体看是一个时间线段，由一个个时间点按顺序组成，我们在当下的时间点主动选择自己的时间安排，做带来心流体验的事情，跟喜欢的人在一起，为他人创造价值并交换到生活资料，随着这样的时间点增多，就能渐渐构建出幸福生活的样子。

露易丝·海在《生命的重建》一书中写道：“去思考那些令你快乐的思想，去做那些让你感觉良好的事情，与那些让你感觉良好的人交往，吃那些令你的

身体感觉舒服的食物。走好每一步都会让你感觉良好。”这就是幸福生活啊。

个体时间观影响幸福体验。时间观是个体对时间价值判断的一种习惯性、倾向性思维方式和行为选择。简单地说，时间观就是你如何看待自己的时间价值，如何使用和分配自己的时间，使用时间之后产生的物质价值和精神价值与幸福生活的匹配程度决定了幸福生活体验。

个体时间观包括三项主要内容：如何安排当下的时间，如何看待过去的时间，如何计划未来的时间。时间投入在哪里，哪里就会有幸福体验呈现。

请翻开你的“幸福生活魔法书”，逐一审视每一条幸福生活内容，对幸福生活内容中的每一项内容，按照过去、现在和未来三个维度进行重新修订，将关于过去时间和未来时间的生活内容修改为围绕“心流当下、美好未来”展开的内容，也就是将幸福生活内容细化为当下可以实现的状态类目标或未来可以实现的结果类目标。比如，幸福生活内容中的“跟之前一样的甜蜜恋爱”，可以修改为“体验爱情中的喜悦和美好”，即使没有爱情出现，一样可以体验其他生活领域中的喜悦和美好；也可以将“以后要有理想的爱人”，修改为“拥有理想爱人般的陪伴和爱”。

此时，你可能会发现自己想要的幸福生活中会有一些现在没法实现，但希望未来实现的具体生活内容。事实上，这些内容恰恰是你此刻生活中的“卡点”，是你内心想要但“核心自信”不足，以至于它们无法在当下给你足够的心灵能量，让你通过心理关卡。比如，我在 2019 年写下的幸福生活内容中，“自由安排时间生活”排在第一位。那个阶段对我来说，完全按照自己的想法去分配时间和注意力是很难办到的事情，于是这个能量卡点变成了我构建幸福生活的第一项重要内容。总之，你想要的幸福生活一定会呈现，念念不忘，必有回响。

你也可以对当下无法实现的幸福生活卡点进行调整，将这些生活卡点在当下疏通，你想要的幸福生活内容在当下就会实现。2019 年我将幸福生活中“自由安排时间”这一内容调整为“拥有时间控制感”的状态类目标，或者“提高自由安排时间比例达到 30%”的结果类目标。经过调整，我发现自己并不是完全失去了时间控制权，实际上我拥有很多的时间控制和安排的权利，我是可以按照“我的意愿”去分配和安排时间的，于是我开始感受自己拥有时间的控制感，并且在逐渐提高自由安排时间比例的过程中进一步加强了时间控制感。

时间分配的三个维度

幸福生活内容构建和实现都围绕时间展开，时间放在哪里，哪里就会有幸福体验。主动选择时间分配的领域和长度，分配更多时间在幸福生活内容上，幸福体验在当下就可以获得，就这么简单。个体时间分配方式大体可以归纳为三个维度，即分别按照时间的数量、时间的过程质量和时间的结果价值进行分配，见图 3-1。

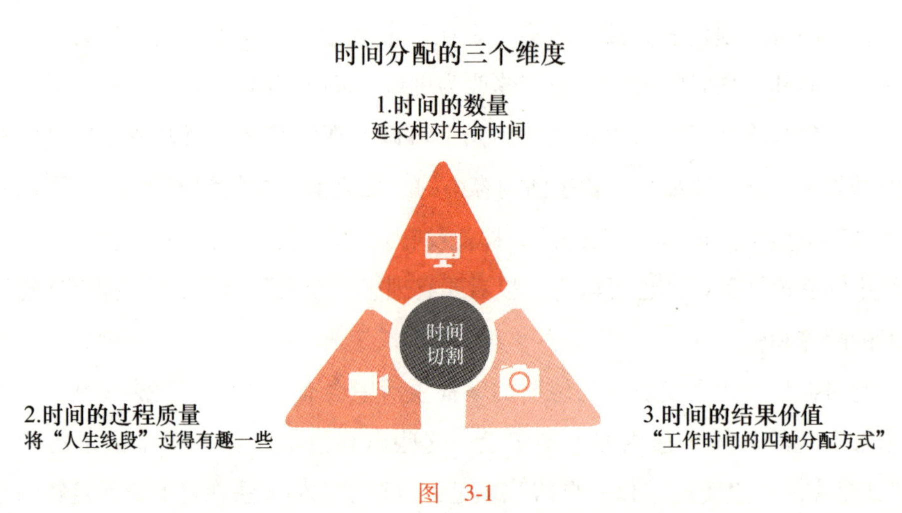

图 3-1

时间的数量

人类身体的生物属性使得生命呈现出时间线性发展的特点，同样，人类心理发展脉络大致遵循相同的路径，其中埃里克森的心理发展观得到人们的广泛认可。

埃里克森提出了人类心理发展的八阶段理论：

婴儿前期（0～2 岁）：这一阶段的主要发展任务是获得信任感，克服怀疑感；

婴儿后期（2～4 岁）：这一阶段的主要发展任务是获得主动感，克服羞耻感；

幼儿期（3~6 岁）：这一阶段的主要发展任务是获得主动感，克服内疚感；

童年期（6~11 岁）：这一阶段的主要发展任务是获得勤奋感，克服自卑感；

青少年期（11~18 岁）：这一阶段的主要发展任务是形成角色同一性，防止角色混乱；

成年初期（18~25 岁）：这一阶段的主要发展任务是获得亲密感，克服孤独感；

成年中期（25~50 岁）：这一阶段的主要发展任务是获得繁衍感，克服停滞感；

成年后期（50 岁以后）：这一阶段的主要发展任务是获得完善感，克服失望或厌恶感。

个体心理发展与年龄并不是严格意义上地吻合，而是呈现阶段性心理发展的共性特征，埃里克森的八阶段理论可以作为个体塑造幸福生活和创造人生意义的时间数量切割参考建议。比如，幼儿期以游戏为主，儿童期以学习为主，青少年时期以发展自我同一性为主等。时间数量是实现幸福生活的保证，如何分配有限的生命，以及分配在哪些生活内容中，分配的时间比例是多少，直接影响个体的幸福体验。

事实上，人类个体生命的绝对长度是有限的，但生命时间的相对数量可以“创造”出来。通过注意力管理、心流沉浸的方式，可以相对延长生命的有效时间，从而相对增加生命时间。《创造时间》一书中写道：“将自己工作和生活中的重要项优先，相当于‘创造’时间。”根据幸福生活内容去主动选择每天最重要的事情，优先去做获得幸福体验的事情，相当于创造时间和相对延长生命时间，大大提升实现幸福生活的机会。

主动选择深度工作和心流时间，同样可以达到延长相对时间数量的效果。《深度工作》一书中明确提出了“深度工作”的概念，即“在无干扰的状态下专注进行的职业活动，长时间不转移注意力，完成单一困难任务，使人的注意力残留负面影响降到最低，以及达到个人产出效率巅峰的可能。”同样，“心流”之父米哈利在《心流》中也提到，“在心流状态下，人的时间感是扭曲的，甚至完全忘记了时间的存在。”在心流状态下，忘记时间的存在，已经超越了时间数量的限制，在此刻，你已经进入无我状态。

主动选择“时间底线”管理，也可以增加相对时间数量。1958 年，帕金森在《帕金森定律》中提出了著名的“帕金森时间定律”，即“工作会自动地膨胀占满所有可用的时间”。一个事项所需要的资源与工作本身并没有太大的关系，一件事情被膨胀出来的重要性和复杂性，与完成这件事情所花的时间成正比。给定多少时间，任务就将使用多少时间。主动选择“时间底线”管理，去设定一个自己合适的期限，并按照这个期限去完成任务，提升时间效能，同样可以延长相对生命时间。

心理学家、诺贝尔奖得主丹尼尔·卡尼曼认为：“对于增强幸福感，适当地运用时间可能是最重要的部分。”大部分认为自己生活不幸福的朋友是因为在生活中对幸福生活投入的时间不足，甚至根本没有投入时间。他们的时间在潜意识习惯性思维和无意识行为习惯控制下被完全瓜分。实现幸福生活的第一保障是投入尽可能多的时间在幸福生活内容中。

幸福生活内容是生活中的重点项和优先项，是生活中的第一选择，时间数量分配应首先围绕它展开。在每一天或一段时间内排出重点项，依照重点项去展开生活，挑选今天最重要的事情去做，心中对生活主动选择带来的掌控感更加笃信，完成任务的成就感包围着你，滋养你的核心自信。

时间的过程质量

幸福体验产生在时间过程中，时间的过程质量是幸福生活体验的主要来源。主动选择如何生活，是获得幸福的关键。时间选择权是个体最基本的权利，没有时间选择权，其他选择权都将无法实现。

时间选择是个体时间观的表达，是在当下时间点投入注意力的习惯性、倾向性选择。米哈利在《发现心流》中写道：“最优生活体验来自注意力的控制。日积月累的最优体验会汇集成一种掌控感，是一种能自行决定生命内涵的参与感，这是最接近所谓‘幸福’的状态。”生活过程的质量感受取决于个体控制注意力的能力和投入方向，一个人可以不管外界发生什么事，只是将注意力集中在自己想要的幸福生活上，就可以使自己获得积极体验，从而将无助的生活境况转变为可能反败为胜的生活挑战，在面对挑战的过程中获得价值感。

人的一生，是一个时间线段，这一世是一段从生命开始到生命结束的线段，见图 3-2。幸福生活的时间观就是如何在“人生线段”的两点之间获得更多的幸福感受，今生无憾、淋漓体验是主动选择幸福的时间观。人生意义不是实现“两点之间，线段最短”的生活效率，而是将“人生线段”过得有趣一些，更有趣一些。

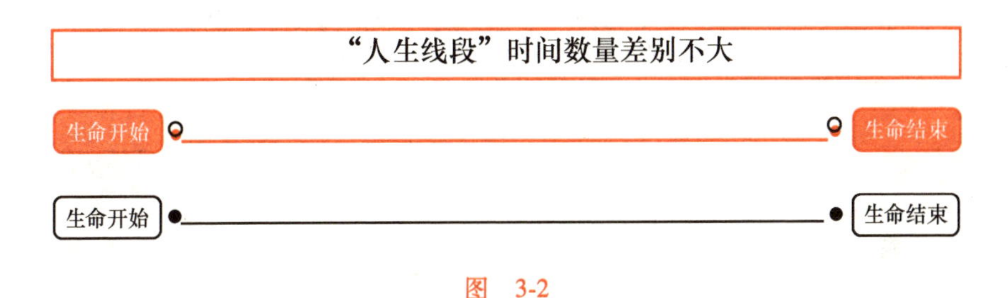

图　3-2

个体看世界的视角和如何做出时间选择影响着生命曲线的波动幅度和过程质量，见图 3-3。人们来寻求心理咨询，主要是想让咨询师帮忙处理让自己感觉不舒服的地方，但往往忽略了感受背后的真实原因，即潜意识是命运。很多情况下，我们会不自觉地滑入潜意识的习惯性思维和无意识行动当中，但这并不意味着我们就放弃了对幸福的追求，我们可以将自我成长作为幸福生活内容之一，带着觉察去生活，多多尝试体验生活，去深入了解自己，尽量去丰富和拓展自己的生命曲线。

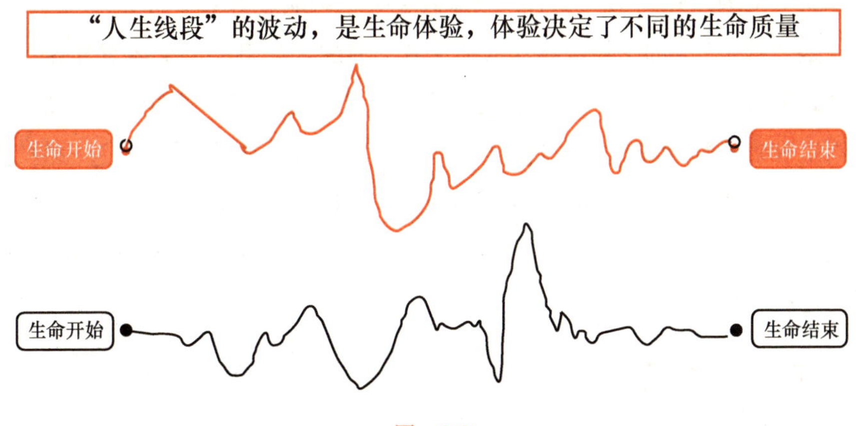

图　3-3

事实上，生活体验的改变是多角度的，当我们能够在当下的生活中投入自己的注意力，能够从生活细节上做一些调整，就可以带来鲜明的感受体验变化，生命曲线的过程质量将会得到极大改善，见图 3-4。如果你在自我成长领域刚刚起步，就不必刻意去追求内心的成长，仅仅是带着觉察去生活，专注地投入到生活细节中，就足够感受到自己对生活体验的变化了。

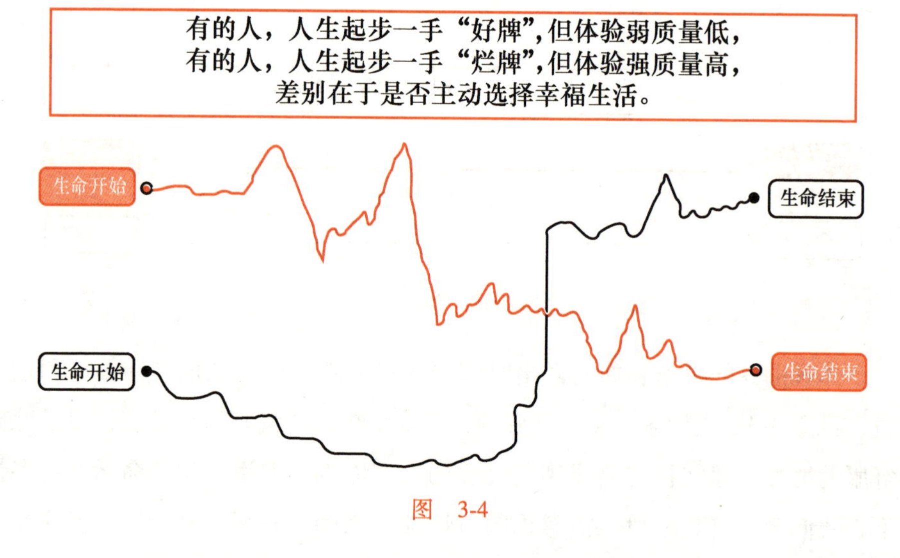

图 3-4

对时间过程的幸福体验也受到客观现实的影响，主要来自两个方面。

一是“无知”，即个体认知局限限制了幸福感受的获得。个体存在认知天花板，我们不知道自己不知道的内容，“不知道”会影响到幸福感受，你没有机会体验你认知范围以外的那些生活，意味着失去了可能获得幸福的机会。

二是“浅尝”，即个体没有深入地了解当前的客观事实。个体对外界信息的反应方式来自潜意识信念对外界信息的解读。当自己对某一事物不了解的时候，很难给出准确的判断和选择，此时去做选择，最主要的依据就来自过往的经验。世界太大了，我们无法全部知道或了解全部的事，但可以做到的是，接纳自己的“无知”和“浅尝”，在当下有限的资源上，尽力去探索、尝试和体验，丰富生活的过程质量。

时间的结果价值

工作领域的时间积累可以打造个体产品力，获得更多交换价值，这是时间的结果价值。在互联网技术的助推下，个体时间产品力得到赋能，特别是有影响力的个体会逐渐成为交易入口，这实际上就是影响力的变现。身处移动互联时代，个体拥有更多机会和方式来打造自己的时间结果价值。

幸福生活同样重视金钱。在实现幸福生活的过程中，我们既重视当下内在心灵的状态类目标，也关注时间的结果价值。工作领域时间按照结果价值进行分类，可以分为四种：仅出售时间，创造"时间产品"，创建"时间系统"，构建时间的"时间价值"。

你在时间"结果价值"的哪个区间，决定了你的当下心灵状态体验和未来的时间结果价值。《少即是多》一书中写道："不要出售自己的零碎时间，而是要充分运用自己的能力和技能，用工作成果来赚取报酬，尝试在工作领域构建'可移动的便携式能力'"。

第一种时间结果价值是仅出售时间。这是大多数人的工作方式，选择一份工作，在某一工作环节或岗位上出售自己的生命时间，换取固定的金钱"工资"。这种类型工作的特点是生命时间的出售不产生任何作品或者时间产品。个体仅仅是某一个产品系统中的一部分，意味着一份生命时间在投入后，没有办法进行二次售卖，时间结果价值的交换仅仅是时间本身。

第二种时间结果价值是创造"时间产品"。这一工作方式可以创造出完整的作品或产品，一份产品可以多次进行售卖或长久售卖，可以产生"被动收入"。其中，从事知识领域工作的个体有机会从"仅出售时间"转移到创造"时间产品"的工作，实现一份时间的多次售卖，获得被动收入。

第三种时间结果价值是创建"时间系统"。每个人至少存在于一个社会系统中，要么自己成为系统的一部分，要么成为系统的构建者。大部分商业模式和价值体系的搭建，都是基于此种模式。成功的系统会使你工作得更少，挣的钱更多，享受自由掌控的时间会更多。构建时间系统的优势在于个体时间不再受生物属性时间的上限约束，自己将独立于系统之外，依托系统，通过资源组合、连接人才和设计规则，在系统中嵌入更多个体的生命时间，实现了生命拓展。优秀的"时间系统"具有有机体性质，呈现出自我繁衍和新陈代谢的特点，使得系统创始人获得时间和财务双自由。

第四种时间结果价值是构建时间的"时间价值"。简单地说，就是要学习金钱投资。很多朋友有误区，说自己没有钱，不用学投资。恰恰相反，投资正是从没有钱开始的，这个开始的起点就是储蓄。从现在开始储蓄，你就可以开始投资了。每个人都可以通过生活方式的改变，开始储蓄，进行时间价值的投资。

现在请按照这四种时间结果价值，将你当下的工作时间分配方式和你的幸福生活内容进行比对查看。建议你对幸福生活内容关于工作领域时间安排重新进行时间分配，尽量减少第一种的时间分配数量，增加第二、三、四种的时间分配数量。如果你对自己当下工作时间结果的分配方式不满意，你可以从任何一个开始调整。

时间的结果价值是过上幸福生活的物质保证。事实上，你很难在生存线上去追求精神价值，幸福生活实现的前提是马斯洛需求中的生存和安全保障已经完成。实现幸福生活时，从不避讳谈钱，相反，积极在幸福生活中去积累更多的金钱，将幸福生活的实现稳稳地建立在财富自由和内心平静之上，幸福体验将会更稳定和长久。

下面介绍“幸福三元素”之“你构建的”关系。

幸福生活构建的重要内容之二是关系构建，就是你与谁构建何种关系模式，并在此关系中获得幸福体验。《幸福的科学》一书中写道：“到底是什么因素将前10%最幸福的人与其他人区分开来，研究表明，牢固的社会关系是唯一特征。”

人生的十二种关系力

社会关系是影响人生幸福的重要因素。不仅仅因为社会关系质量影响幸福体验，更重要的是，矛盾和冲突也是人生最主要的烦恼之一，正如阿德勒在《被讨厌的勇气》中写道：“人的很多心理困扰都来自社会和他人的期待和评价。”

本书将“你构建的关系”抽象整理为四个关系领域和十二个具体关系内容，这十二个关系内容几乎涵盖了人一生中需要构建的全部社会关系内容，这里将其简称为“人生十二力”，见图3-5。这四个社会关系领域分别是自己和自己的关系、爱主题关系、朋友主题关系和价值主题关系，每个关系领域又分别包括三项具体内容。

人生十二力

1.自我力	2.爱动力	3.朋友力	4.价值力
核心力	原生力	灵魂力	支撑力
接纳力	相爱力	连接力	合作力
觉知力	养育力	影响力	帮助力

图　3-5

纷繁复杂的社会关系经过“人生十二力”关系模式梳理后会清晰很多，你可以看到在哪些关系领域中，你有很强的关系能量；在哪一些关系领域中，你的能量在损耗，以此可以在生活当中有的放矢地去调整关系，实现幸福生活。

在“人生十二力”中，四个关系领域的关系“交互”内容的侧重不同，其中，核心关系是自己和自己的关系，此关系领域侧重“心商”交互，爱主题领域侧重“存在”交互，朋友主题领域侧重“情感”交互，价值主题领域侧重“价值”交互，见图 3-6。

人生十二力(关系力)模型

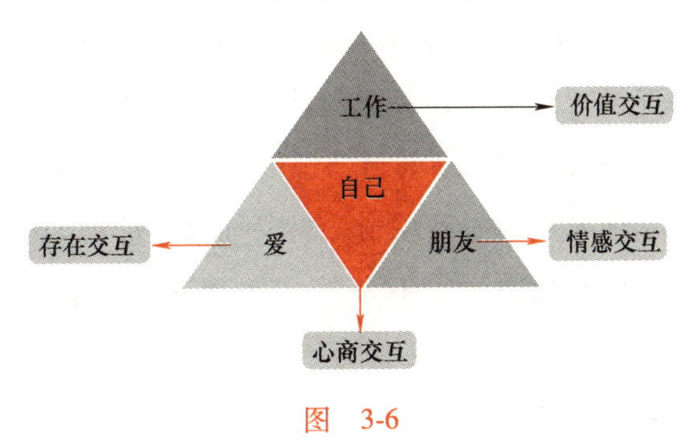

图　3-6

自我力——内在心理模式

“人生十二力”中的第一个关系领域是自己和自己的关系，本书将它称为“自我力”。“自我力”是其他三个关系领域的基础，是个体内在心理模式，决定了个体和世界之间的关系模式。“自我力”包含核心力、接纳力和觉知力三个关系内容，见图 3-7。

图　3-7

核心力是自我力的核心关系力，即“我如何看待自己”，决定了自我认知中的“核心自信”程度。核心力在童年期养育关系中形成，在其他关系中展现，成年后可以通过自我成长的方式进行内在心理模式的修改和迭代。自己与自己的关系，是自我与世界关系的基础。反过来，此刻生活状态的样子，也是内在核心力的投射。说白了，你生活的样子就是内心能量的投射。

接纳力是关于“我如何看待世界”的关系信念，反映“我和世界之间的关系”，是个体与世界的连接动力。接纳力影响个体头脑中对世界的评判和解读视角，个体认为世界充满了机会还是陷阱，认为世界是善意的还是苛刻的，都与接纳力有关。张德芬在《活出全新的自己》一书中写道：“这个世界，你所看到的人、事、物，都是你内在的一种反射，只要你自己的内心改变了，外在就会随之改变。”决定你此刻状态的，不是外在的遭遇，而是你内在的心理能量水平。

觉知力包括“我如何认识自己”的认知信念，是认识自我的觉察入口。提升“觉知力”的方式就是带着觉察去生活，在关系中体会自我的感受，以及建立对他人和世界的同理心。实际上，提升觉知力的最简单方式就是开展正念生活，将自己置于一个相对宽广的意识里，不评判或指导，接纳自己和世界。随着正念生活方式的深入，个体可以从自己对世界的潜意识自动反应中抽身，从更加平和、专注的角度去观察、认识自己。

爱动力——重新养育自己

“人生十二力”中的第二个关系领域是爱主题关系力，本书将它称为“爱动力”。精神分析理论认为童年成长经验孕育了当下的生活，此刻生活中隐含着过去的生活经历。精神分析理论帮助你理解“自我”的形成和来源，并让你了解到主动选择生活方式和内容可以帮自己突破潜意识习惯，去实现幸福生活。

爱动力模块是另外三个关系领域的建立源头。自我力在原生家庭的爱动力中建立，朋友力是爱动力在其他信任关系中的呈现和延续，在爱主题关系中形成的安全型依赖和安全感是帮助个体从二元关系走向三元关系的心理动力，价值力是爱动力在更宽泛社会关系中的展现。爱动力包括原生力、相爱力和养育力三个关系内容，见图3-8。

人生十二力(关系力)模型—爱动力

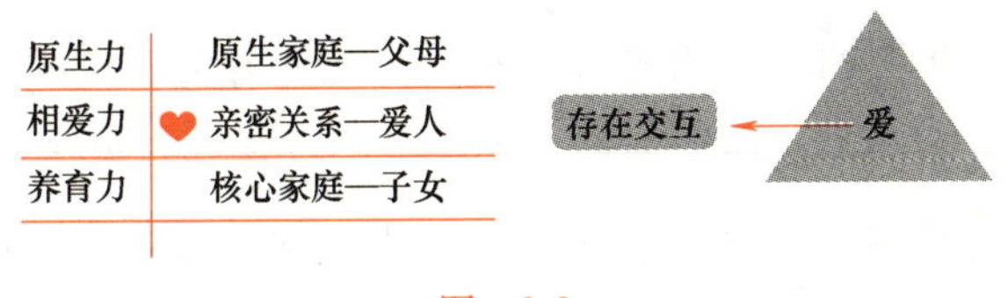

图　3-8

原生力体现了原生家庭中与父母的关系模式，是个体最初建立“我是好的”“我值得被爱”的自我信念初始来源。童年时期，在与父母关系的互动中，如果个体感受到被看见、被尊重、被爱，个体形成“世界对我是接纳的”和“世界是善意的”等信念体系，自我大概率会形成“我是好的”“我值得好的”的认知信念；如果个体感受到不被关注、被忽视、被无视，世界对我是不在意的，甚至是恶意的，自我大概率会形成“我不值得被爱”“我要证明值得被爱”的信念。原生家庭养育关系的互动反馈和自我信念的形成没有缜密而一一对应的因果关系，但是“自我”信念体系架构和个体看世界的方式，与童年时的被养育方式有高度密切的关系。原生力强的个体自我力强，核心自信程度高。

相爱力体现了亲密关系中的关系模式，是个体关于“我有能力去爱”“我敢于爱”的关系动力。相爱力是原生力在爱情关系中的展现。个体内在心理模式在7岁左右基本形成，如同个体心灵的出厂设置。当两个带有不同“出厂设置”

的个体走入亲密关系时，会一同构建相爱力。很多人想要寻找与自己异性父母具有不同性格特质的人作为自己的伴侣，而到最后发现自己的亲密关系仅仅是在重复原生家庭的关系模式，这就是原生力带给相爱力的巨大影响。

养育力是创建核心家庭的关系动力来源，是个体关于“我构建爱”“我表达爱”的关系创建动力。核心家庭指的是个体和亲密爱人以及未成年子女之间组成的家庭。开展家庭教育的前提是要有好的家庭关系，这是养育力发挥作用的基础，关系先于教育，养育力是家庭教育的核心。在家庭中，当孩子感觉到自己“存在就是价值”，父母会因为自己的存在而高兴，孩子内心确认自己在家庭当中“我是受欢迎的”“我是被看见的”“我是被尊重的”。于是，孩子心中的原生力开始启动，给予孩子生命更多动力和能量去探索世界。因为孩子内心对自己被爱有稳稳的把握，生命的重要任务就是探索世界了。对父母而言，可以经由增强养育力从而滋养自身的原生力。泰戈尔说：“当一个孩子诞生时，就是爱照进这个家庭。”经由养育孩子，父母可以重新养育自己。

个体构建自童年期的原生力可以在相爱力和养育力中得到滋养。我们可以学习接纳原生家庭，放下对原生家庭的纠缠，通过构建“我有能力去爱”的相爱力和“我有能力构建爱”的养育力，与原生力和解。和解，意味着现在的我和过去的我握手言和，意味着从过去纠缠中走出来，开始新的生活。生活新的开始，起始于接纳和放下。尽管个体无法选择原生家庭、无法挑选父母，对自己被养育的方式无能为力，但作为成年人，我们拥有主动选择幸福的能力，可以重新主动选择表达爱、接受爱和创建爱的方式，在爱动力重构中，滋养自己，重建自我，从而改变生活体验感受，构建全新的人生意义。每个人都可以做到这一点，主动选择权永远在自己手中。

朋友力——主动塑造发展环境

“人生十二力”中的第三个关系领域是宽泛情感关系领域，是个体自己建立的除血缘关系以外的、对个体有重要影响的关系领域，本书将它称为“朋友力”。儿童在 3 岁左右开始有同伴一起玩耍的社会需要，开始有意识地走出家门寻找同伴。因为社会属性，人必须要存在于某些社会关系和共同体中，因此寻找同伴成为贯穿一生的生活主题。

20世纪50年代，美国哈佛大学教授戴维·麦克利兰提出了成就需要理论，并认为“在生存需要基本得到满足的前提下，人存在着更多高层次的需要，其中就含有亲和需要，是指建立友好亲密的人际关系，寻求被他人喜爱和接纳的需要。”朋友力关系中包括灵魂力、连接力和影响力三个关系内容，见图3-9。

人生十二力(关系力)模型—朋友力

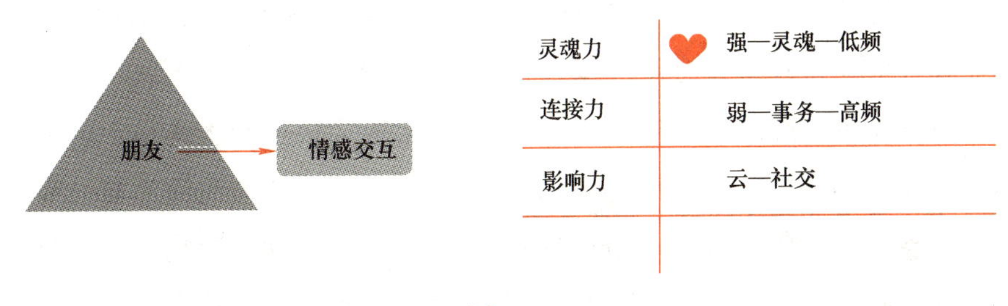

图　3-9

灵魂力是“情感交互的强模式”，灵魂级朋友关系可遇不可求，是生命中的低频关系。灵魂力是朋友力的核心，它是从自我信赖走向他人信赖的高级形式。王潇在《跟随自己的意愿过一生》中写道：“灵魂级的朋友是自己挑选的亲人。”灵魂朋友是什么样子？他能够看见你，懂你，尊重你的意愿，支持你的选择，给予你情感上的支持，以及一切可以给予你的条件和资源，帮助你成为你自己，达成心中所愿。灵魂朋友就像另一个自我的存在，且是自我中积极、勇敢、坚定、包容等信念的化身，是一个人正向能量向世界投射后的正反馈。如果你非常幸运，在人生当中遇到了灵魂朋友，是非常幸运的事情，请务必感恩和珍惜。很多时候，在某些关系的某些时间点里，我们能够感受到灵魂力触摸心灵，获得自我在宇宙中瞬间被确认的体验。灵魂力是非常低频的，当它发生时，请放松下来，让自己纵情在其中，记住它、内化它。如果灵魂力来自于你的父母，那你真的很幸运，此时你的核心力和灵魂力将会重叠，你的人生会呈现强劲的发展状态，心灵内耗极少发生在你身上，你几乎所有的内在资源和能量都会用于探索人生。

连接力是“情感交互的弱模式”，一般是围绕不同主题建立起来的朋友关系，是生活中的高频关系。朋友力实际上是塑造个体成长和发展的环境。你和周围的人构成了自己成长和生存的环境，你选择和谁做朋友，你选择亲近谁，你选择围绕着谁和被谁围绕，这些都是你亲手塑造的环境。塑造环境就是塑造价值信念和人生方向，多塑造积极环境，学习成功人士的远大抱负、十足干劲和坚定信念等，避免和消极的人打交道，特别是常常传递消极思想和言行的人，否则长久下来这些消极的因素将会影响你。挑选朋友，本质上就是挑选幸福生活内容。

影响力是“社交关系中建立的积极关系”，一般是围绕社交活动建立的弱关系。连接力和影响力建立的关系模式也有可能进入“灵魂级”情感交互关系，但是可遇不可求。从公共传媒领域视角来看，影响力可以产生传播力；从价值观角度来看，影响力可以影响受众的价值取向；从市场价值角度来看，影响力可以变现，产生价值。在移动互联网时代，人人都可以拥有影响力，影响力成为大众可以掌控更多资源的价值杠杆。特别是，移动互联网技术将营销量级提升速度扩大，IP信任实际上就是影响力在市场价值上的呈现，此时产品内容退到第二位，卖什么不重要，重要的是谁在卖！

价值力——改变社会位置

“人生十二力”中的第四个关系领域是价值交换领域，主要包括工作关系和与之相关的价值交换体系，本书将它称为“价值力”。从发展心理学视角来看，个体从青年期前期开始，为走入社会价值交换体系进行学习和锻炼，从知识储备、人脉关系和社会资源的交叉处选择“起点”，开始进入“价值力”关系领域。

整个青年和中年时期，工作是这一时期的主要任务，不仅仅是因为个体需要通过工作价值交互换取更多、更好的生活资料，而是因为个体精神价值中的归属感、价值感和影响力主要来自工作领域，成为个体一生中获得社会认可的重要心理能量来源。价值力包括支撑力、合作力和帮助力三个关系内容，见图3-10。

支撑力是人生关键处获得关键性支持的关系能量，是“我值得更好”的自我信念发挥的吸引力作用，在关系中指向你的生命贵人。贵人是谁？贵人是在自己努力过程中，关键处托你一把，核心处为你使上股巧劲的人，前进中给你

人生十二力(关系力)模型—价值力

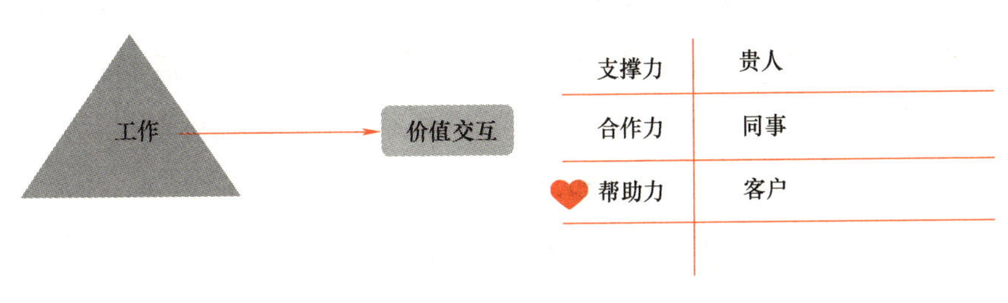

图　3-10

一个加速度的人。哪里可以找到贵人？贵人出现有一个前提条件，就是自己一直是在上升和发展的动态过程中。你是有成长动能和发展势能的人，贵人提前预见了你的发展未来，给你一个巧劲，顺道帮助你一把。实现幸福生活的过程，就是自己做自己的贵人，持有“世界是善意”的信念，敞开自己、关心他人、表达自己、看见他人，就有机会遇到能帮助自己的贵人。

合作力是与他人沟通、协作完成价值交换的关系能量，是“我是好的”的自我信念力量在价值关系中的呈现。“我是好的”的自我信念来自原生力，个体带着超强核心自信，在好奇心的引领下，去探索更广阔的天地，与更多他人建立连接。合作力体现在合作伙伴的挑选上，在合作中，人先于事。如何选人合作，选谁合作？我认为，合作首选违约成本高的那个人。要优先选择与自我道德约束高、有品牌影响力、有家庭和孩子、有固定资产、看重朋友的人合作。因为他们更重视自己的个人声誉、生活和品牌。在生活中，珍视个人信誉的人，都是将个人违约成本设定极高的人。同样，诚信的人的合作力也强，你可以放心与他们合作。

帮助力是“我是有价值的”的自我信念在其他宽泛工作关系中的拓展力量。帮助力越强的个体，能够为别人提供满足需求的价值越大，服务客户的数量越多，影响力越大。人本主义心理学家马斯洛说，人类最美丽的命运、最美妙的运气，就是做自己喜欢的事情，同时获得报酬。对于个体而言，提升帮助力，意味着工作领域的潜在客户数量会越多，可获取价值也就越高。能够满足他人的帮助力关系能量来自核心力，真心去满足他人的前提，一定是先满足自己，是发自内心想要去做，并以此获得归属感和价值感。“核心力”和“帮助力”合二为一时，就是做自己喜欢和擅长事情，同时能够满足他人的需求，以此获得超级价值回馈。松浦弥太郎在《100个工作基本》中写道：“无论何时，在改变事业方向时，永远把‘喜欢’作为首选；找到自己哪怕降低生活水准也想要做的事情，就是靠近梦想的证明。”做滋养自我的事情就是增强核心力，从而提高帮助力，实现自我成长和事业发展的双丰收。

“人生十二力”中的十二个关系力有时候会以组合形式出现，我称之为关系力“跨界”。两个关系领域的能量同时增强，或者发生重叠时，人生会呈强劲的发展状态，且维度越多，状态越强劲。比如，原生力和支撑力重叠时，父母支持孩子发展自我，同时给予资源，孩子获得的人生动能是巨大的。“趁早”品牌创始人王潇创业初期的投资人是自己的父亲，她离开央视读研究生，自己创业，这一切得到父母的真心支持和资源支撑。创业10年，王潇女士的“趁早”品牌做得风生水起。当觉知力、养育力和影响力重叠时，我们养育新生命，同时重新养育了自己，借助互联网力量去分享自己的育儿和成长心得，获得影响力加持。

“人生十二力”自查评估

“人生十二力”内容可以用于关系现状呈现，通过自我觉察和检测评估，对个体现阶段人生关系力状态进行细分梳理，看到当下需要增加能量的关系领域，注入人生可投入的更多资源、时间、健康、专注度，增强人生幸福感受。“人生十二力”具有时点性特点，代表当下的真实关系感受，同时具有极强的主观性。检测评估以个人主观感受为主要评测原则，没有好坏、对错之分，自我评价测评等级的目的是尽可能呈现出测评时个体的社会关系现状和心理状态。

检测评估需要针对某一具体关系力内容开展，这里将“人生十二力”的自我评定分为了五个等级，见图3-11。

“极差”：表示对这一关系力的自我检测非常不满意，现实情况与内心理想状态或目标有极大差距。比如合作力，自查觉得与同事之间的协作不顺。

“差”：表示对这一关系力的自我检测不满意，认为有提升空间。比如相爱力，自查感受最近两人忙于工作，交流不足，导致亲密积极时刻少了很多。

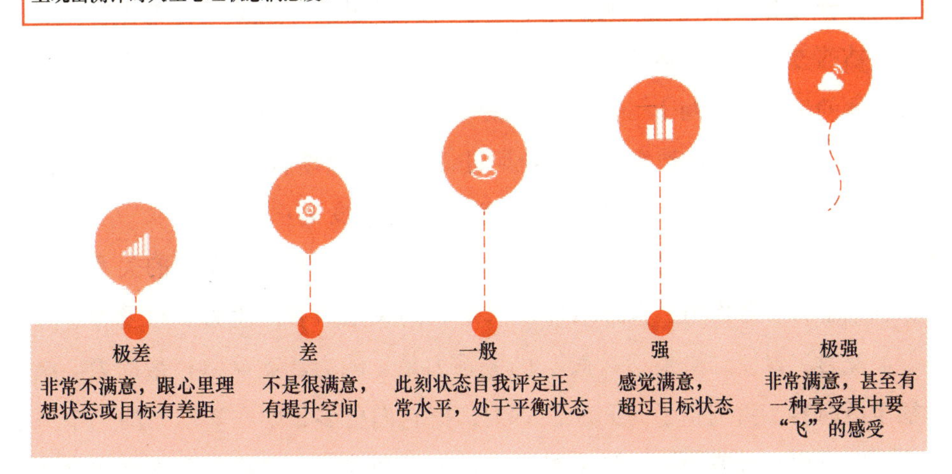

图　3-11

“一般”：表示对这一关系力的自我检测此刻处于正常水平，关系处于和谐平衡状态。比如核心力，自查感觉最近内心平和稳定，生活中的行为选择多出于自我意愿，信念、感受和行为基本做到了和谐统一，生活感受踏实、笃信和积极。

“强”：表示对这一关系力的自我检测感觉满意，超过“一般”的状态感受，能够明显感受到支撑力量和发展助力。比如灵魂力，自查感受最近遇到灵魂级朋友的场景频率较高，能够感受到极大的被理解和支持，感受到莫大的助推力帮助自己实现心中的期待和成长。

“极强”：表示对这一关系力的自我检测非常满意，甚至有一种享受其中要“飞”的感受，“有如神助”描述的内心感受大抵如此。比如支撑力，最近有贵人相助，事业发展非常顺利，整个人感觉受到了宇宙力量的加持，在人生的道路上一路狂奔。

你可以按照这五个自评等级对自己的人生关系状态进行评定，对“人生十二力”每一个关系力进行评估后，可以看到当下你满意的关系领域和你不满意的关系领域。十二个关系力评估结果的集合是你当下人生关系的综合状态呈现，你可以对自己下一阶段的人生可投资总资源进行重新分配和投入，要继续投入和保持满意的关系领域，可以增强或者补足不满意的关系领域，从整体上提升自己人生关系力，实现幸福生活。

请打开你的“幸福生活魔法书”，将幸福生活中关于关系部分的内容用以上自查评估的方式进行评估和调整。“人生十二力”自查评估需要定期做，特别是某段时间的生活感受与上一段明显有变化时，可以去做自查评估。对比之前的自评结果，找到原因和改善方向，定期进行复盘和重新打分，在每一次打分时，做好时间标注，一段时间后可以看到关系力的连续变化。

我的“人生十二力”自查评估结果如下：自评结果是“强”的关系力有核心力、觉察力、合作力，自评结果是“差”的关系力有原生力、相爱力、养育力、灵魂力，自评结果是“一般”的关系力是影响力、支撑力和帮助力。结合幸福生活内容，我调整了时间和注意力，把它们更多集中在爱动力的三个关系力中，同时提升价值力关系领域投入，在工作和家庭中寻找自我感觉融洽的平衡点。

自我认识是一个永无止境的过程，若想深入认识自己，就必须在关系中互动进行。克里希那穆提在《生命之书》中写道：“认识自己并不需要摆脱关系，你不能孤立修行。”这里提到的“关系”几乎囊括在“人生十二力”中了。在关系中深入了解自己，内心必须保持警觉，敏于观察，觉知自己的反应是什么。在社会关系中，我推荐“人际轻奢”模式，即社会关系简单，但深刻；朋友少，而精；人际界限分明，朋友是朋友、工作是工作、社交是社交。

下面介绍“幸福三元素”之“你影响的”财富。

现在，请打开你的“幸福生活魔法书”，找到幸福生活清单中与金钱有关系的内容。你会发现自己的幸福生活内容几乎跟钱没有关系，也不会出现“吃饱饭”“不受冻”之类与生存目标有关系的内容。当个体生活需求已经从安全需求、生存需求走向精神领域的自我发展和自我实现需求时，获得自我归属感和服务共同体价值感成为个体生命意义的主线。

比如，我想要时间自由的选择权和掌控感与钱有关系吗？有关系，也没有关系。有关系的部分是，我暂时需要通过工作换取收入，维持生活，势必有一些工作内容是我不喜欢的，甚至是消耗我精力的；没有关系的部分是，我的心灵自由，谁也无法约束我。但是，你要明白那些看似不受金钱约束的状态类目标，实际上有一个隐含前提，就是物质基础已经超过了满足安全和生存需要的最大值。因此，从生存意义来说，我们无法完全抛开金钱和财富去实现幸福生活。

那么，实现幸福生活是以财富自由为前提吗？不！幸福生活内容中的一切状态类目标与财富自由毫无关系。但是，金钱匮乏的认知信念会让你无法安心于幸福生活。并且金钱匮乏会成为你无法实现幸福生活和认为自己不值得拥有幸福生活的最大借口，形成“隐形财务困境”恶性循环，也就越发无法突破财务困境了。

然而，处于“隐形财务困境”中的个体常常不自知，且无法自我觉察。这是因为很多人都没有跳出微观日常生活内容，没有养成从宏观视角去整体思考人生的习惯。每日在生活强制轨道里的生活已经成为习惯，习惯带来的稳定和安全感成为大多数人的被动选择，对大脑而言，按习惯生活耗损最低。在平凡的生活中能够安于当下、投入其中是重要的幸福能力，但在隐形财务困境边缘上安于当下的生活，实际上是非常危险的，而且不是真正的安于当下，而是逃避自我发展。

与真实匮乏性财务困境不同，隐形财务困境的特点是个体浑然不觉，并且认为自己的财务状况很安全、很稳定，而实际上财务危险承压性非常脆弱，这是因为隐形财务困境的特点表现为单一性和可预期性。这里有关于隐形财务困境的三个自我评估指标，可以帮助你进行评估：

1. 金钱收入与过去三年比没有变化。

2. 金钱收入在未来三年内，预计不会有太大变化。

3. 金钱收入来源单一，主要以时间结果价值中的第一种为主要收入来源，且没有被动收入。

如果你同时有以上三条，那么可以肯定地说，你正处在“隐形财务困境”中，见图 3-12。“隐形财务困境”为个体财务状况带来极大的脆弱性，当个体面临生活黑天鹅事件时，极可能出现“崩盘”风险，何谈实现幸福生活呢？

财富的本质是影响力变现。

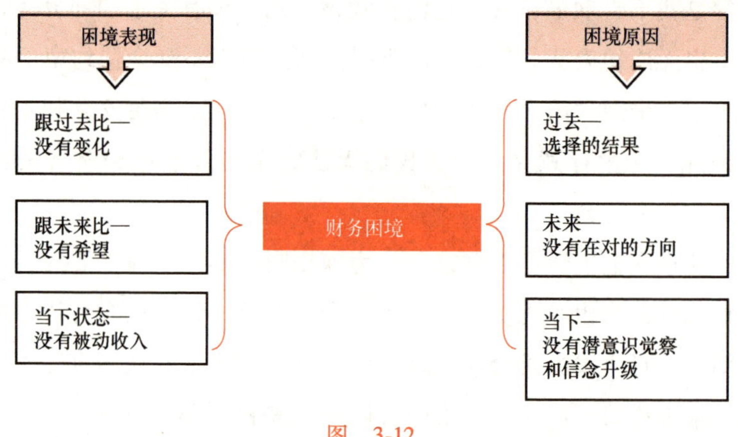

图 3-12

在实现幸福生活的过程中，我们需要回答两个问题：从哪里获得财富？如何找到获得财富的起点？回答这两个问题之前，我们需要了解财富的本质。财富在交换中产生和增加，获得财富的本质就是建立优质财富关系。财富关系是人和人之间建立的信任、积极、双赢交换关系，而优质财富关系实际上就是更容易地完成交换，可以交换到更多财富，以及建立更长久的交换关系，因为财富的本质是个体的正向社会影响力变现。

实现幸福生活需要一定的财富基础，从而使个体有时间和精力去构建幸福生活模样，同时个体也会有一定的财富空间完成生活转换，实现幸福生活。如果个体获得财富的过程和获得幸福的体验合二为一，那就是已经置身于幸福生活之中了。与实现幸福生活有关的财富路径有三级，分别是建立时间产品的初级路径，建立时间系统的中级路径，和实现财富自由的高级路径，见图 3-13。

财富初级路径：做自己喜欢和擅长的事情交叉领域的相关工作，满足他人的需求，同时创造最佳的时间产品，或者可以建立个人产品商业模式，这是获得财富的初级路径。比如，我写这本心理自助书籍的本质就是创造时间产品。

财富中级路径：构建价值交换体系，建立时间系统（包括建立时间价值平台），扩大交换关系的数量级，提升影响力，这是获得财富的中级路径。比如，简单心理、淘宝平台以及任何一个商业化组织形态均是通过构建时间交换系统获得财富。

财富高级路径：金钱上获得被动收入，实现财富自由，精神领域获得内心

三级财富路径

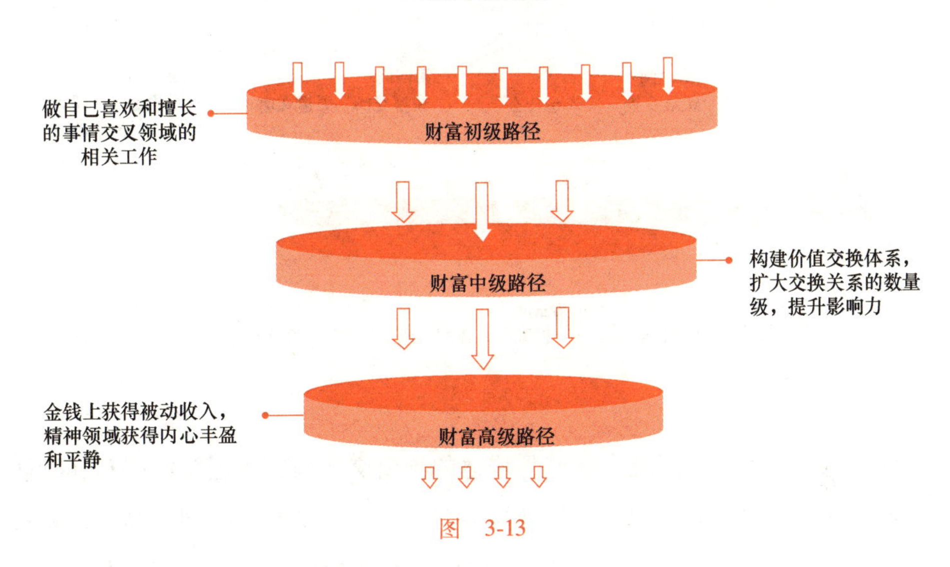

图 3-13

丰盈和平静。进入财富高级路径的个体核心自信极强，干什么都可以成功。财富高级路径突破了物质限制，实现了物质和精神领域的双自由，是极少数人的财富路径。

财富初级路径是创建时间产品。

从拔除"金钱是自我成长路上的拦路虎"这一信念开始，我们将获得金钱支撑力，同时远离隐形财务困境，因为你不再自我设限，曾经的困难都变成了挑战。建立财富初级路径从自己喜欢或擅长的事开始，发展个人时间产品，建立个人产品的商业模式，帮助你从"时间结果价值的四象限"中的第一象限拓展至第二象限，同时开始学习第四象限的投资知识。在财富初级路径中，你从单一售卖生命时间收入开始，进入被动收入领域，为实现幸福生活夯实了物质基础。

在开始构建财富初级路径中，如何将禀赋或喜欢的事创造成时间产品，以下"时间产品化六问"可以帮助你拓展思路，见图 3-14。

第一问：拿什么交换——供应什么？或者说，从广义来看，你有什么资源。实际上，我们作为个体能够供应用于交换的核心资源是时间和禀赋，这二者都

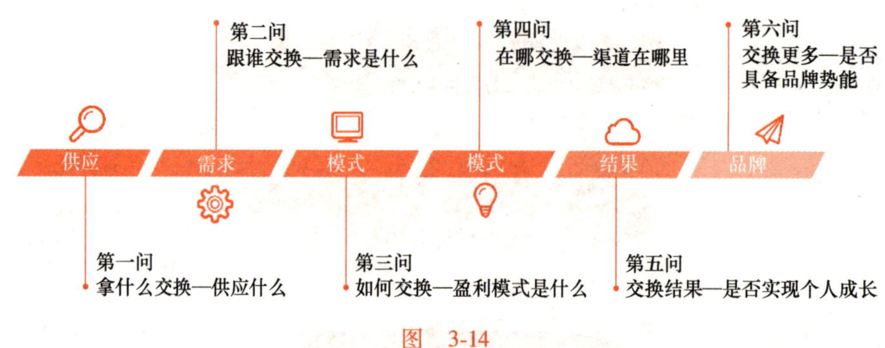

图 3-14

是有限资源。任何一种围绕个体产品构建的价值交换内容均围绕时间和禀赋展开。在你喜欢和擅长的领域里，找到并创造可以用于交换的时间产品，以获得被动收入为佳，最佳产品形式是“一份付出，多次售卖”，比如我写作本书。

第二问：跟谁交换——需求是什么？或者说你服务的目标人群是谁，你为他们解决了什么问题，或提供了什么服务。你解决的问题是否具有社会共性，你提供的服务解决方案的标准化和可复制程度，决定了服务目标人群的数量和产品上限。比如，解决某一针对性问题的知识付费类产品，依托互联网平台系统，可以一份产品，多次售卖，系统自动成交，极大扩展了成交数量。

第三问：如何交换——盈利模式是什么？个体先从主动收入开始，通过提升单位时间的收入净值或延长服务时间来扩大收入。同时，尝试从“仅售卖时间”的价值交换模式转移到打造“时间产品”的价值交换模式，实现对一份时间的多次售卖，获得被动收入，逐渐完成从单一主动收入向多维主动收入，再到财富初级路径的转移。

第四问：在哪交换——渠道在哪里？你在哪里遇见目标人群，以及能够与多少目标人群遇见，决定了你售卖时间产品的数量级。个体生命时间的售卖是单一渠道，在某一个组织的某一岗位“遇见”，且目标人群只有一个——你的老板，这也是隐性财务困境的常见形式。“时间产品”价值交换渠道可以是多样化的，在多个平台进行，你的潜在目标人群在哪里，你的渠道就建设在哪里。

第五问：交换结果——是否实现个人成长？在喜欢且擅长的领域去创造

“时间产品”，投入且专注，保持足够长的时间，你将获得时间价值的护城河和专家定位，你获得的交换结果将超越“平均价值”，这是个人时间产品的成长性，将以个人的财富数量增长为结果。更重要的是，在创造时间产品的过程中，你实现了当下心流和美好未来的幸福生活。

第六问：交换更多——是否具备品牌势能？长期地、快乐地提供和创造价值，同时满足对方需求，并使对方形成了和你交换的消费习惯，就会形成品牌势能，这是时间产品的最高护城河，也是获得个人时间产品交换关系的高级形式。时间，不可跨越；时间，有答案。

完成以上关于个人产品化问题的思考后，请尝试写下你的“时间产品”可能性内容，可以仅仅是一种探索。

第一问：拿什么交换——供应什么________________。

第二问：跟谁交换——需求是什么________________。

第三问：如何交换——盈利模式是什么________________。

第四问：在哪交换——渠道在哪里________________。

第五问：交换结果——是否实现个人成长________________。

第六问：交换更多——是否具备品牌势能________________。

财富中级路径是创建时间系统。

获得财富的过程也是在满足他人的需求，当创造的价值能够满足更多数量级目标人群的需要时，个体有机会从创造时间产品走向构建时间系统，扩大交换关系数量级，服务更多有需求的目标人群，提升影响力，获得更多财富。

构建时间系统，是指通过资源组合、连接人才和设计规则等创造性组合，构建可以通过自动运转来满足目标人群需要的价值系统，获得被动收入。其优势就在于自己的时间资源不再受生物时间的上限约束，系统创建人将独立于系统而获得时间自由，并有机会实现财富自由。

创建时间系统需要幸福能力。

能够滋养心灵和提升幸福能力的事情，就是个体创造价值的可能性领域。当个体能够沉浸在某一领域中获得幸福感受和心流体验时，就是个体心灵状态的最佳之时，此时，心情放松、状态自由，可以将幸福能力发挥到极致，同时大脑神经细胞处于可以激发创意的最佳状态，跟世界建立了强连接，那些经由其而出的创意、灵感和价值，都将涌现出来。

时间系统的创建始于我知道“什么是好的”，或者说我得知道什么是好的价值、好的东西、好的方式，我自己体验了、受益了、滋养了、改善了，才能将这些东西提供给更多人。我在创造价值且满足对方需求时，交换关系就建立起来了。从我知道“什么是好的”，到我能够给他人提供价值，建立交换关系，完成价值创建，直至整个时间系统创建，这一过程也是自我心理能量滋养的过程。

如果没有发现或者找到与自己幸福生活匹配的、现成的价值交换体系，你可以尝试创建自己的时间系统。如果你创建的时间系统能够解决某一类型的社会问题，这一系统将为你带来巨大的影响力和财富效应，比如手机支付替代线下支付、微信社交替代短消息通信等。

不要觉得这是遥不可及的事情，看到此处就认定自己做不到，这是幸福误区，请你带着觉察走出误区，并尝试带着好奇继续阅读。要知道，在这个世界上没有最佳的时间系统，只有适合自己的财富模式，任何时间系统都是在动态发展和不断迭代中自我升级。正如梁宁在《产品思维 30 讲》中讲道：“我们自己的人生是不断迭代的产物。从一个最好的内核开始，一个一个动作地持续迭代和一次一次微小的选择，就会成就自己的人生产品。今天你在什么样的点位上没有那么重要，重要的是在未来的几年里，你会用什么样的方式持续迭代。”

如果你对现状很满意，那恭喜你，因为世界上最珍贵的内心状态就是满足现状、感恩当下，心灵滋养。如果你想在金钱财富领域有所突破和发展，扩大财富影响力，那么从创立时间产品开始，到构建时间系统是一条不错的路径，获得财富升级，同时获得内在心灵滋养。

构建幸福生活的财富时间系统，至少包含以下五个元素：

1. 交换什么（What）：你的产品。你的“时间产品”是什么？哪些是优势产品，哪些是短板产品？哪些是核心产品？哪些是衍生产品？哪些是利润产品？哪些是流量产品？

2. 与谁交换（Who）：你的关系。你的人生十二力评估情况如何，哪些关系力薄弱，需要加强？哪些关系可以帮助你扩大财富影响力？

3. 在哪交换（Where）：量级平台。你的影响力如何？哪些可以变现？哪些有交易天花板？如何扩大你的影响力？在哪里扩大你的影响力？

4. 如何交换（How）：时间价值。你的时间分配方式如何？哪些是被动收入，哪些是隐形财务困境？被动收入部分能否进一步从时间产品升级为时间系统？

5. 交换频次（When）：交换更多。你的时间产品交换模式如何？哪些是单次大额交易产品，哪些是单价高频交易产品？哪些产品可以通过建立时间系统服务更多目标群体？是自建时间系统，还是加入现有平台系统？

创建时间系统的核心是构建交易体系和扩大交易数量级。健康的时间系统是独立于创始人之外的价值创造体系，框架结构、规则设定和发展模式都将为时间系统提供自我成长和衍生发展的内在能量。个体可以根据以上五个元素进行幸福生活时间系统自我评估，也可以对幸福生活内容中的时间产品进行调整和升级。

打开你的幸福生活魔法书，将幸福生活内容中有关财富创造和金钱获得的内容勾选出来，从中选出那些能够在滋养自己心灵且存在潜在创造时间系统可能性的内容，这些内容是你扩大影响力、获得财富的行动方向。找到方向后，你需要一个行动计划。在行动方向内容上再做进一步细化，找到喜欢的事，发现擅长的事，做好每日计划，并尝试去做，进行试错微调，不断迭代，直至找到可以滋养自己并创造价值的交换关系。

最后，你还需要单独建立一个“幸福生活金钱账户”。特别是在做时间系统的平台转换时，一个能够支撑你完成转换期的金钱账户非常重要，它的意义不仅仅是维持生活，更加重要的是，它能帮助你持续处于内心平静的最佳幸福状态，你并不会因为金钱收入减少而耗损自己宝贵的心力资源，也就是常说的“手里有钱，心中不慌”。我有一个“幸福生活”账户，存款只进不出，不投资、不炒股，只做基础理财。单笔收入进账时，无论多少，我都将10%的收入转进这个账户。这样，在实现幸福生活的过程中，我始终可以做到内心波澜不惊，行动毫不懈怠，总是处于幸福体验中。

财富高级路径是增强核心自信。

经济学中，财富来自交换价值，是价值的交换媒介，由人给财富赋予意义和共同约定价值物。在社会学中，财富来自交换对象，表明与谁发生了社会关系和何种社会行为，财富代表促进社会发展和交换双方共赢。心理学中，财富来自个体的心理能量，“我是好的”“我是有价值的”“世界对我是友善的”等，这些积极自我信念可以帮助个体与世界建立正向且紧密的价值交换关系，从而获得更多财富。

了解自己的财富潜意识信念是深入认识自我的过程，向内看，带着好奇，尝试去看到自己的财富信念。以下觉察内容你可以在安静环境下进行，以进入脑海里的第一感觉和答案来回答，无须思考：

1. 想到“财富”“金钱”，写下此刻进入你脑海里的三个词：

____。

2. 想到“财富”“金钱”，联想此刻进入你脑海里的一段童年回忆，在那个情形下，写下来你的想法、感受、行为以及你对金钱的信念：

____。

3. 如果你足够有钱，你会过什么样的生活：

____。

4. 用一个词来表达你所认为的财富是什么：

____。

财富是什么？财富的本质是交换媒介。交换是什么？我有、他需，于是就产生了交换关系。交换产生了关系；在关系中可以交换，在交换中建立关系，在交换关系中实现了双方需求的满足。那么，财富成为人和人之间关系需求和能量交换的媒介，财富存在的价值是满足需求，因此财富一定产生于双向满足的交换关系中。交换双方是否都达成满足，决定了交换关系是否可以建立以及建立何种交换关系，并决定了交换关系的时间长久和牢固程度。而作为时间产品和时间系统的创造者，你的财富信念就决定了你能不能建立交换关系，建立何种交换关系，以及能交换到多少等。

快乐、积极、双赢的交换关系，可以让你交换到更多，以及实现更长久的交换。自己快乐满足，同时满足对方，愉悦对方，更容易建立交换关系，而且快乐和满足的程度越高，会交换得越多。长期让自己快乐地提供和创造价值，同时满足或愉悦对方，并使对方形成了交换习惯，渐渐形成品牌势能，你的时间产品将获得时间的最高护城河。当交换的数量级到达一定程度时，时间系统也渐呈雏形，你开始获得更多被动收入。

从财富路径的初级形式到高级模式，都是财富信念变现的结果。财富的多少最终来自于自我信念，包括你如何看待自己，你是否可以建立交换关系，建立何种交换关系，以及更加深入的“我能交换到更多吗”“我能持续交换到更多吗”等自我信念，这些信念的背后是核心自信在财富领域的投射。

可以拥有巨额财富的人，都是高度自信的人。自我怀疑是内在耗损，而自信的人从不干傻事，他们将宝贵的心理能量用于发展自己和探索关系，增强自己的世界影响力。在现实生活中，你此刻的财富状态是自我信念中关于“我值得更好吗”的金钱数字答案，跟核心自信、主动选择和积极行动有直接关系。你相信自己的程度，你去向外发展交换关系的核心自信，决定了自己获得财富交换关系的建立和数量。如果核心自信弱，或者内在心理能量不足，你在从自我走向交换关系的路上就已经精疲力尽了，何谈去建立更多的交换关系呢?

个体核心自信状态与财富水平正向相关。退一步说，核心自信强的个体根本不需要通过追求财富数量来证明自己，核心自信已经给予他们极大的价值感和满足感，这种价值感和满足感又常常带来积极、快乐、正向的交换关系，财富自然就会来到。这也是很多人看起来毫不费力但又拥有了极强财富获得能力的重要原因，因为强核心自信是获得财富的能力之一。

个体应培养核心自信，不断提升自身心理能量，提升吸引财富的幸福能力。在生活中，增强核心自信的方式只有一条路，接纳自己，并选择幸福。接纳自己是在当下看到全部的自己，包括潜意识领域信念和无意识行为选择。接纳自己是信念不拧巴，是心力能量的自然流动，允许自己“都可以”是接纳自己的第一步，是卸掉内在拧巴信念的钥匙。个体卸掉拧巴信念，才有空间和能量去看到内心想要的幸福方向，进一步实现幸福生活。

觉察笔记 13　“增强核心自信”

1. 跟随自己的意愿去选择。

(1) 写出最近 3 个月，你允许自己跟随自己意愿做的事情，小到吃什么，大到生活选择（1~3 件）：

____。

（2）写出你整个生命中，能进入你脑海中，你跟随自己的意愿去选择的任何事情、情景（1~3 件）：

____。

（3）写出你生命中的重点节点事项（比如考学、找工作、恋爱等），在跟随自己意愿做选择的事项上做出标注：

____。

2. 允许自己“都可以”。

（1）以上记录的事项中，你允许自己“都可以”的有哪些：

____。

（2）除此之外，你计划在哪些事情上“都可以”：

____。

（3）详细写出未来一周，你准备做哪几件“都可以”的事情：

____。

核心自信是不断确认“我和世界”关系的过程。这里我用了关键词“确认”，在各种关系力中，自我带着觉察主动、持续地确认“我是好的”“我值得”“我可以”，渐渐提升核心自信的幸福能力。核心自信强的个体创造力爆棚，连接事物本质能力强，自然会创造更多价值，建立更多的价值交换关系，财富作为副产品自然就来了。

你可以从时间系统开始，也可以从时间产品开始，构建自己的财富路径。但是，我建议你从培养核心自信开始，从打通财富信念开始，从获得内在心理平静能力和提升幸福察觉开始，构建获得财富的幸福能力。与其绕路，不如直击核心。当你的核心自信增强后，你会发现财富自然而然就来了。

总之，你要开始幸福行动，直至找到能够置身幸福生活的财富起点。哪一种调整和改变的方式都可以，将自己置身于想要到的那个财富交换体系中，置身其中，就是置身于时代发展之中。

四、幸福生活内容清单

寻找、选择并实现幸福生活不是头脑中的想象，不是笔下随便写的生活，而是一个当下就可以开始的生活计划，心流当下和美好未来就是我们想要的幸福生活。在开始幸福生活的时候，请同时开启丰富幸福生活素材的行动，最终你将不断迭代出最接近自己内心想要的幸福生活。幸福生活是心流当下，找到并明确生活中自己喜欢的事，让自己喜悦起来，意味着有了一个幸福方向，不断向着幸福方向前进，你会看到自己心中想要的幸福生活，美好未来也就自然会实现了。

请带着觉察和好奇，再次仔细查看幸福生活魔法书中的幸福生活内容，此刻自己是否还向往这份幸福生活，是否继续认定这是自己想要的幸福生活样子。如果有调整，建议你重新写一张幸福生活清单，同时标注上日期。接下来，我们将从**清单内容、实现时间和状态目标**三个维度，进一步细化幸福生活内容。

第一步：幸福生活清单内容。

请将幸福生活内容按照“你拥有的时间”“你构建的关系”和“你影响的财富”三个元素中的内容重新进行分类，填入以下内容清单。如果你的幸福生活清单中缺少某一方面的内容，请在此处进行填补。

1. 有关时间安排的清单内容。

（1）个体时间观影响幸福体验：围绕“心流当下、美好未来”展开。

（2）时间线性感知：通过注意力管理、心流沉浸的方式，延长相对时间。

（3）时间过程质量：将“人生线段”过得有趣一些，更有趣一些。

（4）时间结果价值：四种时间结果价值。

2. 有关关系挑选的清单内容。

（1）关系力自我评估：____。

（2）自我力：____。

（3）爱动力____。

（4）朋友力：____。

（5）价值力：____。

3. 有关价值交换的清单内容。

（1）财富初级路径——时间产品：______________________________。

（2）财富中级路径——时间系统：______________________________。

（3）财富高级路径——核心自信：______________________________。

第二步：标注实现时间。

再按照实现时间进一步整理和区分以上幸福生活内容，将当下就能实现的，标注星号，从现在开始就实现它；对于当下不能实现的内容，标注问号，等待进入下一步的细化步骤中。

1. 时间安排：其中当下能做的与未来可期待的，分别是什么？

____。

2. 关系挑选：其中当下能做的与未来可期待的，分别是什么？

____。

3. 价值交换：其中当下能做的与未来可期待的，分别是什么？

____。

第三步：转化状态类目标。

将第二步幸福生活中在未来实现的内容进行目标转化，将结果类目标的底层心理状态类目标呈现出来。调整当下生活状态和内心能量，有可能在此刻就实现状态类目标，那些只能在未来实现的结果类目标就放在那里，内心赋予祝福，带着状态类目标的心灵目标去开展生活，未来结果类目标自然就呈现出来了。

在进行目标转化的过程中，你的幸福生活内容可能会发生变化，你会发现你想要的结果类目标不一定非要实现，通过其他选择项也可以实现幸福生活，这样你就为自己的幸福生活增加了多个选项，内在心理状态会更加平静。

1. 未来实现的“结果类目标”。对应的“状态类目标”。

2. 未来实现的“结果类目标”。对应的“状态类目标”。

经过以上三个细化步骤，你在“幸福生活魔法书”中获得了一张清晰的幸福生活清单。这张清单是此刻的你基于心流当下和构建美好未来的生活清单，是选择幸福和实现幸福的方向和内容。只要你愿意，随时可以开始幸福生活。同时，幸福生活是动态的生活目标，随着内心能量增强和生活变化，幸福生活的内容自然会发生变化。

请关注自己，爱自己，以及支持自己，因为你自己的幸福是唯一值得付出全部注意力的幸福方向。当你内心清楚地知道自己想要的幸福生活内容，并且一直处于实现幸福生活的过程中，无论经历顺境还是困境，你都可以获得幸福体验。但是，如果你不知道自己内心向往的幸福生活方向，即使幸福生活内容出现了，你也会失去它，错过幸福体验。要知道，你内心想要的幸福生活就在心底深处，等待你去开启。

本章小结（见图 3-15）：

图　3-15

第二部分

幸福在哪里——实现幸福生活

在幸福生活魔法书中，你获得了一张清晰的幸福生活内容清单，你想要的幸福生活内容都在里面了。现在，你可以出发了，带上幸福生活内容清单，通过迭代幸福思维、提升幸福觉察和实施幸福行动，将你想要的幸福生活从魔法书中变成现实生活。

第四章 三步实现幸福生活

与“心理三步”对应，幸福生活的“实现三步”分别是在信念上“成为”、在感受上“想象成为”和在行动上“去做”，这三步构建了实现幸福生活的心理闭环。同时，这三步可以帮助你建立起实现幸福生活的自信和勇气。

开启幸福生活，从“实现三步”中的哪一步开始都可以，当你开始将自己的认知信念、情绪感受和行动选择按照幸福生活的样子去“入戏”时，你在幸福生活魔法书中写下的幸福生活内容，即刻就已经开始在实现了。

一、幸福生活随时可以开始

20 岁左右，我感觉未来是一个未知数，但这个“未知”带给我期待和希望。在大学校园里的我，常常有一种豪气，感觉走出校门后，无数条金光灿灿的路在我面前，等着我选。那时的我并不着急，享受着随时可以“宠幸”人生的内在心理状态，主动选择权在自己手里，那是何等畅快。

30 岁左右，我已经工作 5 年了，结了婚，生了女儿。我的生活仿佛进入了强制性轨道，几乎没有时间和精力去复盘和查看生活方向和路径是否符合我的人生期待，是否还在内心想要的幸福生活方向。我整个人被生活裹挟在强制性轨道上赛跑，就是这样，不看路，只是闷头使劲向前跑。我的习惯性潜意识信念带着我狂奔，上气不接下气，不允许自己停下来去查看一直奔跑的赛道是不是自己想要的幸福生活方向。在生活强制性轨道上，“狂奔”成为我的无意识行为选择，身体累，心更累。

35岁左右，我发现自己在一直狂奔式地努力之后，幸福体验并没有来到。我慌了，心生恐惧，感觉狂奔的人生已“时日不多”，余生如何过呢？而当下的生活并不是我想要的模样，人在狂奔时突然泄气，会给心灵带来巨大的负面冲击。我一直想在事业上有所成绩，然而接二连三地发生了不顺利的事，我感觉到狂奔中的泄气，心里交替出现抑郁和焦虑情绪。我会怀疑、埋怨、无助、迷茫，甚至愤怒，愤怒自己不被看见和挑选。我这么优秀和上进，为什么领导还看不到我的努力，为什么我感觉不到幸福体验。我希望在关系中被看见、被确认，以此确定自我的存在感，我主动选择把自己幸福生活的按钮交了出去。

40岁了，我还有机会拥有幸福生活吗？

当然！任何时候，我们都可以把幸福快乐的按钮从别人手中夺回来，放回自己手中，按下重启键去开始幸福生活。实现幸福生活的过程实际上也是自我内心的确认过程，并在此过程中不断增强核心自信，将自己置身于幸福生活中。将学习内容和咨询手记写作成书，去影响和帮助更多读者寻找和实现幸福生活，是我的幸福生活内容之一。看，它就这样实现了，我成为可以用文字影响读者幸福信念，并帮助读者寻找、实现幸福生活的人。从开始写这本书起，我就已经置身于幸福生活中了。

二、预测幸福不如聚焦幸福

此刻，在你的幸福生活魔法书中，有一张关于幸福生活的内容清单，这是你自己塑造的幸福生活的样子，也是幸福的方向。你在幸福生活魔法书中写下的“幸福生活”的内容，是将内心模糊的方向清晰表述为具体内容的过程，明确内容优于模糊方向，因为大脑总是优先处理明确信息。

你可以每天拿出自己的幸福生活魔法书，反复“把玩”这张幸福生活内容清单，在心中不断去觉察和确认清单上的内容。幸福生活有一个重要属性，即“变化”，这个变化不是今天改、明天换，而是经过一段时间对幸福生活的觉察和实现，再回看幸福生活内容清单时，你对它的确认和调整。可能你会修改、删除或增加一些内容，也可能你会更加笃信这些生活内容，因为你的内心力量和核心自信的变化都会影响幸福生活的内容。

每日“把玩”幸福生活的内容，是“吸引力法则”在发挥作用。“吸引力法则”是指将注意力集中在某一领域，跟这个领域相关的人、事、物就会被它吸引而来。《吸引力旋涡》一书中写道：“你所吸引到的很多关系和体验，都来自你的默许。”当你将注意力聚焦在实现幸福生活上，心灵就会产生幸福能量，同频共振、同质相吸，个体注意力所聚焦的人、事和物开始互相吸引，彼此靠拢在一起，幸福生活内容中想要的财富、健康、爱情等都会被吸引到你的生活中。

同样，如果你聚焦在自己不想要的领域，比如贫困、疾病、孤单，你也会得到它们！因为大脑无法区分出积极还是消极的信息，它优先处理明确信息。对于你明确“想要”和明确“不想要”的生活内容，大脑都会接收，但是哪个信息明确，个体内心体验能量强，大脑就优先处理哪个信息。特别提示，当你一直非常用力地去“不想要”或者基于恐惧想要摆脱某种消极情绪体验时，实际上是对大脑神经系统的“强化”，吸引力法则同样在发挥作用，于是，你越不想要，就越会得到这些东西；越想要摆脱它们，它们反而越会缠住你的生活。

找到并清晰呈现你心中想要的幸福生活，就是自己有意识地选择和聚焦幸福生活内容，给大脑以明确的信息。你可以运用吸引力法则主动选择发生在自己身上的事情，按照幸福生活内容去构建自己生活中的时间安排、关系挑选和价值体系，去创造你想要的一切生活状态和体验，寻找到你想要的伴侣、朋友和事业伙伴，并在构建的过程中不断调整、优化和迭代。聚焦幸福生活内容可以帮助你最大化运用吸引力法则，你会得到你想要的一切，过滤掉你不关注的那些内容。记住，幸福生活是你主动选择的结果，你可以选择幸福，并实现它。

三、“实现三步”：目标达成的心理闭环

个体幸福能力集中体现在是否主动选择幸福，具体包括在认知领域选择幸福信念，在情绪感受领域提升幸福觉察能力，以及在生活领域实施幸福行动。提升幸福能力是选择幸福和实现幸福生活的必经之路，有了幸福能力，才能实

现心中想要的幸福生活。同时，实现幸福生活的过程也是提升幸福能力的过程，二者相互促进，让你置身于幸福生活中。

获得幸福体验和实现幸福生活与个体“心理三步”紧密相关，从认知信念、情绪感受和行动选择三个领域出发，将实现幸福生活与“心理三步”一一对应。在信念上“成为”、在感受上“想象成为”和在行动上“去做”是目标达成的“实现三步”，与心理三步一起，构建了实现幸福生活的心理闭环，见图 4-1。“实现三步”如同链条上的三个传动齿轮，会互相影响，一弱俱弱，一强俱强。

将自己“入戏”到幸福生活已经实现的生活情境和内心状态中，从某一条幸福生活内容开始，在认知信念领域构建自己已经“成为”拥有幸福生活认知信念的人，在情绪感受领域调整并想象自己已经获得想要的幸福感受体验，以及在行动选择中“去做”幸福行动，幸福生活就这样开始了。

幸福生活达成的心理闭环

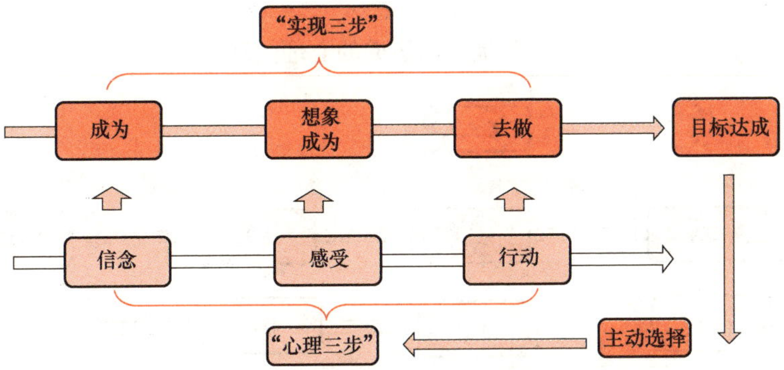

图　4-1

举个例子，我的幸福生活内容中第一项就写着“自由安排时间”，在幸福信念上，构建“拥有时间控制感”的认知信念，并将这一信念应用在时间安排的方方面面，将自己“入戏”到自己已经拥有时间掌控感的内心状态，体验到主动选择的力量感；在行动选择上，根据自我意愿决定工作和生活事项是“做”还是“不做”，以及“做”的先后顺序，即使有自己无法选择和决定的“失控”事项，我也可以选择按照自己内心的想法和幸福生活方向去调整，严格控制“失控”事项所占用时间和精力的比例。这样，我的幸福生活内容中“自由安排时间”就真的实现了。

四、“幸福三步”：如何找到、如何实现和如何行动

每个人内心都会有想要的幸福生活，都有对美好的向往。然而，有的人选择实现，有的人选择忽视。选择实现的人，自我负责，是勇敢者，人生赢家；选择忽视的人，不相信自己，得过且过，辜负了生命。

追求幸福生活的底气源自核心自信，自信不会突然而至，而是在无数次微小的自信中渐渐建立起来的，实现幸福生活也是逐渐增强核心自信的过程。从呈现内心想要的幸福生活模样，到获得幸福生活状态，再到实现幸福生活，这就是“幸福三步”。“幸福三步”与目标达成“实现三步”中的“成为”“想象成为”和“去做”一一对应，内容围绕“幸福生活”如何找到、如何实现和如何行动来展开，见图 4-2。

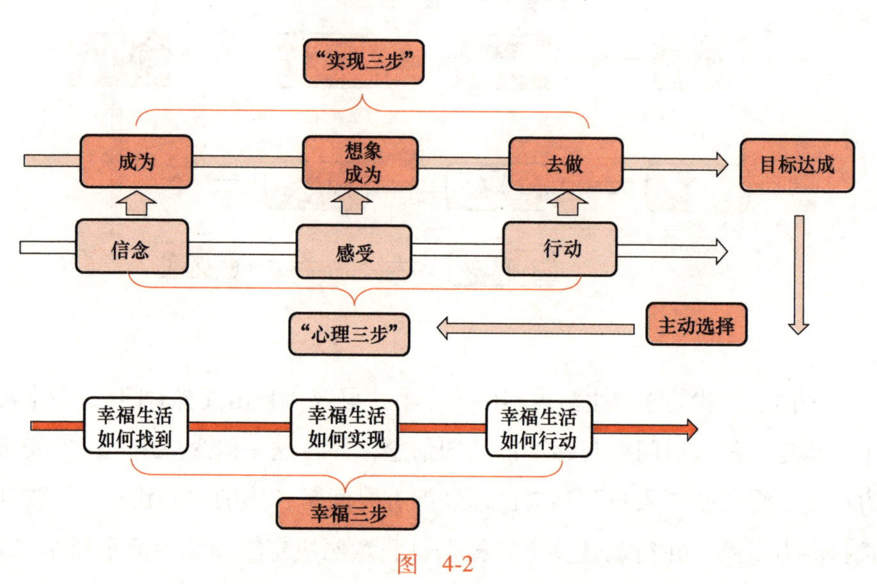

图 4-2

如何找到“幸福生活”？

幸福生活的样子与自己内心的幸福信念有关，这些信念包括你是否相信自

己值得拥有幸福生活，你是否相信自己拥有实现幸福生活的能力，以及你有多大信心去选择幸福并实现它。

我们需要学习接纳此刻自己生活的一切，跟内心感受连接，尝试向内看到自己的潜意识信念。在幸福信念上认定自己“可以成为”幸福的人，帮助自己跳出潜意识信念，迭代“选择幸福信念”，植入自己能找到并可以实现幸福生活的幸福信念。这一过程是漫长的自我成长之路，但也是实现幸福生活的最优路径。随着幸福信念的变化，你会走出幸福误区，内心幸福生活的样子就会呈现出来。你的幸福生活不在别处，就在自己的内心深处等着你去发现。

在实现幸福生活的心理闭环中，第一步是在认知信念领域建立幸福生活“已经实现”的幸福生活认知信念。认知信念是心理三步的源头，是个体解读世界的视角，选择幸福的核心自信来自于此。触发心理三步启动的刺激源信息大致可以归为两大类：现实存在和大脑想象。当大脑感受到现实存在的刺激源，或头脑想法启动时，大脑神经细胞开始活跃起来。心稳时，大脑思考会有选择地调用认知信念，控制情绪感受变化，有意识地展开行为选择；压力下，习惯性潜意识信念直接启动，情绪感受直接触发无意识行为，这个过程发生之快，个体很难觉察，特别是在遇到危险的情况下，个体的无意识行为会迅速启动完成动作。

实现幸福生活的前提是选择幸福，这是开始幸福生活的启动键。选择幸福与认知信念紧密相关，个体要有意识地选择“我可以实现幸福生活”的自我信念，并增强核心自信去实现它。幸福生活内容作为头脑想象类信息去启动“心理三步”时，我们去觉察此刻头脑中的认知信念，将头脑中那些怀疑的声音和信心不足的信念一一标记出来，不做评判，仅仅是识别。如果自己感觉压力很大，或者习惯性潜意识信念常常在设定目标时跳出来“反对”你、“打击”你、“拖后腿”，此刻自己可以拿出“幸福生活魔法书”，将这些消极信念一一记录下来，为这些信念贴上标签“原装幸福信念”，然后放到一旁，不再管它。我们要做的是不断迭代“选择幸福信念”，建立核心自信，并勇敢选择幸福，幸福生活就开始了。

你可以将幸福生活内容的审视和修订作为每天的必修课，留出 15 分钟的时间去跟幸福生活内容“在一起”，在认知信念领域不断建立幸福生活已经“成为”现实的强化力量，在每日的审视和修订中确认自己的幸福生活，启动头脑中关于幸福生活的想象类信息，不断强化神经系统中“幸福生活”的样子。

学习每日在“幸福生活魔法书”中记录一天中幸福生活内容出现的细节，越详细越好，哪怕是很小的细节或者持续时间很短，都可以记录。记录是强化目标的过程，是人类高级神经系统的强化作用。从“今天陪伴女儿读书 10 分钟”，“今天跟好友一起吃饭”，到“今天写作计划完成”等，只要是幸福生活的内容，都做好记录。每天对幸福生活内容的不断确认，对实现幸福生活内容的记录，都是在神经系统中强化“成为”的认知信念力量，以及不断增强选择幸福的核心自信。

“幸福生活”的实现方式是什么？

在幸福生活的“实现三步”中，第二步是在感受上将自己带入幸福生活已经达成的状态里，意味着我们通过“想象成为”从体验感受入手去校验幸福生活。将感受状态和心理能量调整为当下就是幸福生活的内心感受状态，是一种“入戏”式内心体验，在感受中检验某一幸福生活状态类目标是否能给自己带来的心流当下和美好未来的幸福体验。

事实上，在某一时刻和场景里，当你头脑中想要的“幸福生活”真实出现时，并不一定会给自己带来积极的感受体验，因为这都是你的想象。但是，你通过感受“入戏”的方式，可以帮助自己当下就体验“幸福生活”，并检验这一内容是不是自己真正想要的生活。因为未经觉察的自我信念不一定是你真正想要的，可能是周围人在你成长过程中植入你头脑中的信念，未经确认时，你无法认定内心享受的幸福生活就是你真正想要的幸福。幸福生活始于感受，定于信念。

幸福生活内容中的状态类目标是当下就可以实现的心理感受状态，这意味着我们完全可以从情绪感受上将自我带入幸福生活已经实现的情绪感受状态中，将感受状态和心理能量调整为当下就是幸福生活的内心状态，这一步可以称为幸福生活“入戏”。

当你通过“想象成为”将自己的情绪感受“入戏”到幸福生活内容中时，

你就真的开始了幸福生活。比如，我将自己“入戏”到已经获得时间自由决定权的生活掌控感中，去检验和确认这一生活内容是不是我内心想要的幸福生活。当我们决定去实现幸福生活时，关于生活的主动选择权就开始逐渐回到自己手中。

当你选择“想象成为”幸福生活中的情绪感受时，你会从内在心灵给自己更多的力量和信心，于是内心想要的幸福生活就这样开始了。当然，这个体验感受调整的过程不是简单完成的，需要经由练习来完成，这部分内容在本书提升幸福觉察部分中会有进一步介绍。心理成长是个缓慢的过程，你需要在内心平静和放松中完成。实际上，内心平静和放松就已经是幸福生活本身了。

“幸福生活”有哪些行动计划?

明确的幸福生活内容是方向、是指南，行动起来，在当下就可以实现状态类目标，在不断趋近幸福生活的过程中，结果类目标得以实现。同时，你可以通过小幅试错去调整实现路径，不断调整行动计划，直至实现幸福生活。

在实现幸福生活的心理闭环里，第三步是在行动上“去做”，展开幸福生活内容。生活变化都来自行动改变，哪怕是信念领域中看世界视角的变化，也是行动变化。在信念上“成为”、在感受上“想象成为”，这些同样是行动上的改变，是行动上“去做”产生的内心体验变化。有些变化来自环境影响的被动变化，常常在潜移默化中形成，有些变化需要经由自己主动选择去完成。幸福生活的实现属于后者，需要个体在自我认知清楚的前提下，主动选择幸福生活内容，达成内心想要的生活，实现人生意义。

主动选择幸福生活，需要行动计划，这个计划包括在信念上“成为”领域中的认知笔记写作、自我认知练习；感受“想象成为”领域中的冥想练习，正念生活践行和行动“去做”领域中的幸福生活基金计划，以及实现策略构建计划等内容。实现幸福生活，你需要在每天的生活中将三个领域中的细项计划配合完成。幸福生活是在时间中一个点一个点慢慢搭建起来的生活状态和模样。时间会给你答案。

“幸福三步”帮助你在当下就置身幸福生活中，同时确保自己就在幸福生活的道路上，你想要的幸福生活从魔法书变成了现实。幸福生活内容是选择幸福的生活方向，方向先于行动，方向始于信念，方向决定了幸福体验是否获得和何时到来。本书接下来的内容聚焦于实现幸福生活的具体方式，通过迭代幸福信念、提升幸福觉察和实施幸福行动，从当下开始实现幸福生活。

觉察笔记 14　“实现幸福生活”

在幸福生活魔法书中，挑选你最想实现的一条幸福生活内容，如果是结果类目标，先进行状态类目标转化；如果是状态类目标，请直接开始进入“幸福三步”。

第一步：建立幸福信念。在认知信念领域建立“我已经置身幸福生活”中的幸福信念，坚定选择幸福信念，选择“我可以实现幸福生活”的自我信念。

记录当下你为自己挑选的幸福信念，帮助自己增强核心自信，坚定选择幸福，“成为”置身幸福生活的幸福信念。此刻你挑选的幸福信念是__________。

记录当下头脑中的想法，将头脑中那些怀疑的声音、信心不足的信念一一标识出来，不做评判。此刻你头脑中的想法是__________________________。

第二步：觉察幸福感受。在感受上将自己带入幸福生活已经达成的状态里，将感受状态和心理能量调整为当下就是幸福生活的内心感受状态，这是一种“入戏”式内心体验。

当下你的感受体验是____________________，与你挑选的状态类目标或者结果类目标对应的状态类目标对比觉察，两种感觉的接近程度如何，请将情绪感受通过“想象成为”将自己“入戏”到幸福生活内容中。

记录当下你头脑中的想法和你想构建的幸福信念：____________________。

第三步：实施幸福行动。在信念上“成为”、在感受上“想象成为”，这些都是实施幸福行动。同时，你需要更进一步的幸福行动，帮助自己强化幸福信念和幸福感受。

记录当下你想要实施的幸福行动内容，当下你头脑中想做哪些行动内容：

____。

本章小结（见图 4-3）：

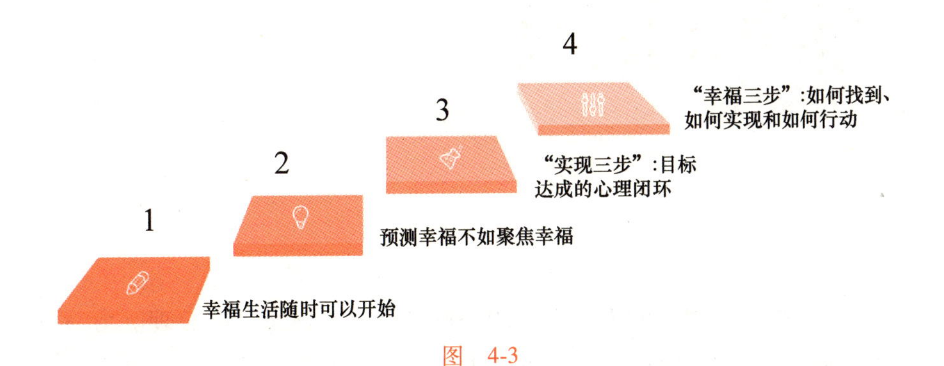

图　4-3

第五章

迭代幸福信念

幸福是一种心理健康能力，幸福的关键是增强选择幸福的心理能力，包括在认知信念中有意识地选择幸福信念，呈现“原装幸福信念”，构建帮助个体获得幸福体验的“选择幸福信念”，同时通过不断练习和实践将“选择幸福信念”形成信念习惯，并将其植入潜意识领域。在幸福生活“实现三步”中，幸福信念决定幸福体验的获得和幸福生活的实现。

一、选择幸福生活是人生第一要事

《幸福的方法》一书中写道：“对于个人而言，幸福感应该是我们衡量人生成就的唯一标准，因为它是所有目标中的最终目标。”选择幸福生活是人生第一要事，没有什么比让自己获得幸福体验和实现幸福生活更重要的事情了。

认知信念决定情绪感受和行为选择，也就决定了个体生活状态。你此刻的生活就是依据自己头脑认知信念选择的结果，因此实现幸福生活的第一要事就是选择幸福信念。《生活需要幸福力》一书中写道：“只要一个人的心理投射足够强烈，他的处境就可能完全被投射改变。”一个人的幸福信念足够强烈，他的幸福生活就开启了。生活幸福与否与个体幸福信念直接相关，你认为自己幸福你就幸福，你认为自己不值得幸福，那幸福永远不会到来，你想实现幸福生活，就需要在内心构建幸福信念，勇敢选择幸福，并笃信自己可以幸福。

按照大脑功能区域，幸福信念大致可以分为两类内容：一部分是来自潜意识领域的、成长中被动习得的幸福信念，对实现幸福生活影响最深，本书中称之为“原装幸福信念”；另一部分幸福信念来自意识领域，是个体主动选择的认知信念内容，本书中称之为“选择幸福信念”。个体自我成长获得幸福体验和实现幸福生活的核心是呈现“原装幸福信念”和迭代“选择幸福信念”。简单来说，就是修正或删除头脑中阻碍自己获得幸福的认知内容，修通认知信念，感受、体验和行动选择才会随之跟上，实现幸福生活就是自然而然的事。

“选择幸福信念”是个体头脑思维可以进行思考、加工和逻辑处理的认知信念内容，或者说这部分认知信念是你知道、了解、能够控制如何思考和挑选解读视角的内容，主要来自主动习得，是有意识地挑选和构建的认知信念内容。“选择幸福信念”储存在大脑意识领域，表现为“幸福思维”，也就是你清楚地知道自己定义的幸福是什么，以及想要什么幸福体验。个体经由学习和自我成长有意识地挑选和迭代“选择幸福信念”的过程，也是实现幸福生活的过程。

实际上，“选择幸福”本身就是幸福信念之一。选择幸福，你就有机会获得幸福体验，选择幸福是人生中最重要的事情，是一切社会生活的核心。“选择幸福生活是人生第一要事”，这就是幸福生活的方向，方向明确的生活心力耗损最低，个体常常可以获得心流体验，同时淡定从容地生活，内心呈现微微喜悦和平静，这样明亮温暖的情绪底色可以调和出更多的健康积极情绪，幸福体验自然就产生了。

“选择幸福生活是人生第一要事”是第一幸福信念，将它植入你的“选择幸福信念”中，意味着你心中已经清晰明确实现幸福生活是生活要事，并且总是有意识地将实现幸福生活的具体生活内容放在生活事项和时间分配的第一位置。《高效能人士的 7 个习惯》中写道：“‘要事第一’确保我们将有限的资源用于自我发展。”同样，在实现幸福生活中，我们将人生资源首先投入到幸福生活的具体内容中。

生活中，我们常常将时间和精力过度投资于短期的“成功”，习惯性忽略选择幸福生活，将“选择幸福生活是人生第一要事”放在脑后，牺牲长期的事业回报和持久有爱的家庭关系。经济学中“双曲贴现”解释了这种信念认知偏差，就是人们在面对选择时，更倾向于即时满足，而忽略了投资的长期价值。如果我们的人生目标是实现幸福生活，那么我们必须将幸福生活内容作为生活中的第一要事，减少带来短期满足的时间选择，增加幸福生活作为第一要事的时间投入。这里请注意，短期诱惑满足与心流当下的选择完全不同，前者是感官满足，后者是心灵滋养。

实现幸福生活需要依靠幸福行动一点一点来完成，行动不难，难的是行动前自己的信念要坚定。要想避免在实现幸福生活中犹豫不决，你需要践行“选择幸福生活是人生第一要事”的认知信念，总是将幸福生活内容作为第一要事，幸福生活就开始了。

对幸福生活内容进行优先排序。

“选择幸福生活是人生第一要事”，意味着你总是将幸福生活内容放在生活事项和时间分配的第一位置，心理学家荣格认为：“有意义的事即使价值再小，也比无意义的事有价值。”对于选择幸福的我们来说，幸福生活就是人生有意义的事。现在，请拿出你的幸福生活魔法书，对幸福生活内容进行优先排序，确保幸福生活中最重要的内容总是在当下生活中优先进行。

“选择幸福生活是人生第一要事”的幸福信念帮助个体优先幸福体验，相当于延长了生命时间，同时提升了生命质量。《创造时间》一书中写道：“时间很难创造，一天只有 24 小时，但每天专注于最重要的事情，相当于创造时间，重要项优先就是‘创造’时间。”为幸福生活排优先顺序，以及总是在生活中优先进行幸福生活内容，就是在创造时间和实现幸福生活，就是珍惜自己有限的生命和宝贵的注意力。

请你带着觉察去查看幸福生活内容中的每一项内容，再次确认这些就是自己此刻想要的幸福生活内容。如果此时你对一些内容有所犹豫，可以在这一条清单内容上停留片刻，观察自己内心深处犹豫的情绪感受和头脑中的声音。如果你笃定这一条是自己想要的，请继续确认清单；如果你想修改内容，请修改好，再继续下一项内容。如果你不确定这一条是不是自己想要的，先将它放在一边，以后再确认。

确认好全部幸福生活内容后，再一次慢慢浏览一遍这些内容，接下来我们要为幸福生活内容排出优先顺序。你不需要思考太多，跟随自己内心去标注先后顺序就好。在排序的过程中，如果你感觉到犹豫，继续上面的确认过程，即“停留—觉察—觉知—笃定”，直至将清单内容全部排序完成。写下幸福生活内容并进行优先排序，是为大脑提供明确信息的过程，清晰的目标比模糊的方向更容易实现，因为人类大脑总是倾向于优先处理清晰和熟悉的信息。

实际上，幸福生活内容的优先顺序呈现了你的生活选择价值取向，也是你目前所面临的生活挑战。幸福生活中的前几项具体内容可能是你此刻内心能量匮乏的投射，源自你对自己生活方向的模糊和不清晰导致的生活匮乏体验，越是匮乏越会渴求，心理能量便投射在幸福生活内容和优先顺序上了。

前几年，我在复盘幸福生活内容时，优先顺序的第一项总是“时间选择权”。这项内容给我很大的启发，就是我一直希望获得时间自由，在生活里按照自己的意愿安排时间，而这一项幸福生活内容的实现给我带来了挑战。挑战就在于我缺失对自己拥有时间选择权的认知信念，对时间掌控感的心理能量不足，对选择并实现这一幸福生活内容没有核心自信。我内心渴望自由，渴望自己可以掌控时间，但又无法实现，真相是我的认知信念里根本不相信我可以拥有“时间选择权”，这与我当时内心渴望挣脱控制而又无力摆脱的内心匮乏状态一致。

优先在生活中实现幸福生活内容，当下就开始补足内心匮乏的心理能量，恢复内在心理平静。随着内心能量的变化，幸福生活内容的优先顺序也会发生调整，在调整过程中，你会看到自己内心状态的变化。

觉察笔记 15　排序“幸福生活魔法书”

请在安静的环境中完成。为你的幸福生活内容排序，写下前 10 个幸福生活内容。

1. ____。
2. ____。
3. ____。
4. ____。
5. ____。
6. ____。
7. ____。
8. ____。

9. ____。

10. ____。

二、“我值得”幸福

按照个体和世界之间的关系，个体认知信念可以粗略地分为两类：一类是指向自己的“我信念”，是关于你如何看待自己的信念内容，是自己与自己的关系信念，也就是“自我认知”信念，决定了你的核心自信；另一类是指向外部世界的“他信念”，这是关于你如何解读世界的信念内容，是你与世界的关系信念，决定了你对世界的体验深度。

“我信念”是个体发展的核心信念，“他信念”是个体与世界的关系信念。个体童年期抚育他的重要养育者“我信念”是个体发展“他信念”的认知环境，在与重要养育者关系的互动中，个体逐渐建立起自己的“我信念”，并以“我信念”为基础构建个体与世界之间的“他信念”，见图 5-1。

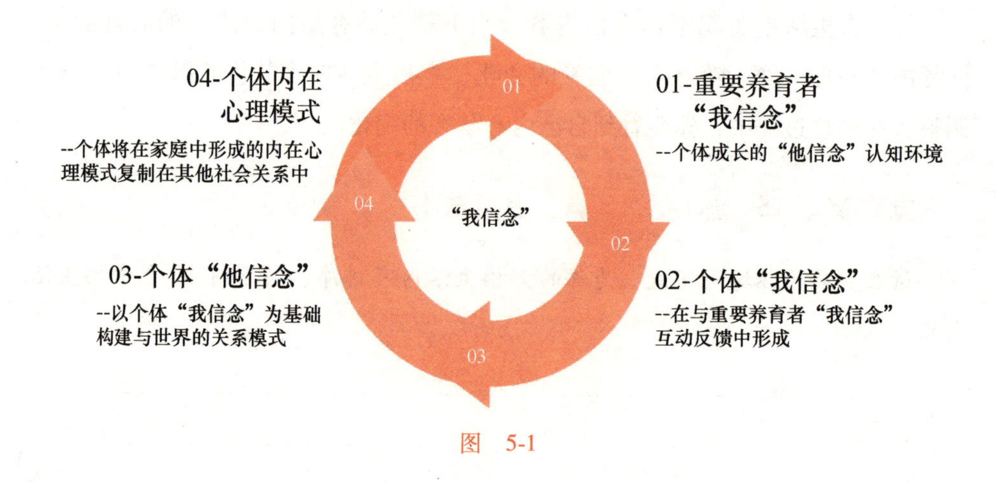

图　5-1

“我值得”信念形成于“原生力”关系。

“我值得”信念是“我信念”中的重要内容之一，对个体实现幸福生活有重要影响。进入幸福误区的个体有一个共同的幸福信念，就是“我不值得幸福”，这一信念阻止了个体选择幸福以及实现幸福生活。要想实现幸福生活，个体首先需要主动选择并笃信“我值得幸福”这一幸福信念，并将其内化为核心自信。当幸福体验出现时，个体可以自然获得它；当幸福生活出现时，个体可以坦然置身其中。

“我值得”信念同其他“我信念”一样，在童年期成长中由重要养育者构建的“他信念”认知环境中形成，形成于原生家庭，构建于养育过程中与父母的关系互动，与“爱动力”中的“原生力”发展紧密相关。在“原生力”关系中，如果个体感受到被看见、被尊重、被爱，以及体验到世界对他是接纳的，以及世界是善意的，大概率会在“我信念”中会形成“我是好的”“我值得好的”等积极正向的自我信念；如果个体感受到不被关注、被忽视、被无视，以及体验到世界对他是不在意的，甚至是恶意的，大概率会在“我信念”中会形成“我要证明自己值得被爱”“我不值得被爱”等消极负向的自我信念。

发展心理学将童年期界定为6~12岁。大脑神经系统研究和一些心理学理论表明，人的潜意识心理模式在7岁左右就已经形成并固定，除非遭遇重大生活变故，外在生活事件极大动摇了内在信念，否则7岁左右在潜意识领域形成的“我信念”会跟随个体一生。民间“三岁看大、七岁看老”的说法也有此种意味。

大部分孩子在童年期生活在爸爸妈妈等重要养育者身边，也就是原生家庭中，“原生力”成为影响个体“我信念”认知内容的重要关系。然而，近几年原生家庭理论传播泛化，成为许多人不成长、不进步、不努力的借口。我们确实无法选择出生家庭和成长环境，但是成年后可以选择带着觉察去生活和不断成长，修正潜意识领域中“我信念”的部分认知内容，以及主动选择幸福生活。

“我值得幸福”是“我信念”认知体系中的正向自我认知，由核心自信水平决定，个体可以通过觉察、接纳、重建、迭代等方式加入“选择幸福信念”中，“我值得幸福”影响着个体的幸福体验和幸福行动选择。拥有“我值得幸福”信念的个体在生活中会自动搜集积极情绪感受，幸福体验次数多且感受程度强烈。同时，在遭遇消极体验时，个体更容易快速恢复平静，走出困境。“我值得幸福”这一幸福信念不仅仅是我相信自己，而且个体内心笃信自己配得上世间的美好，这是发自内心的美好连接和对幸福生活的邀约，幸福体验自然就来到了。

“识、破、立、练”四步建立“我值得”信念。

核心自信决定了“我值得”认知信念是否存在和自我信任的程度，同时，“我值得”认知信念将进一步增强核心自信。因此，在个体主动选择幸福时，就决定了幸福生活一定会实现，因为对“我值得幸福”这一幸福信念的笃定本身就可以带来积极体验。个体笃信“我值得幸福”，这是相信自己会幸福的心理能力，以及构建“我是好的”“我能够做到”的信念动力，从而坚定选择幸福，实施幸福行动，最终实现幸福生活。当个体坚定地认为“我值得幸福”时，自然就会思考幸福生活方向和实现幸福生活的行动路径，实现目标自然也就不远了。

“我值得”信念不足的人，常常向外寻求证明和支持，特别需要外在某种稳定形式，或用外在习惯去保持内心稳定，帮助自我补足“我值得”的内心力量，因为习惯性潜意识信念和无意识行为选择给个体带来“稳定感”和“安全感”。

事实上，内在稳定和安全体验的属性是流动性和相对性，因为保持某一事物或状态稳定和安全的环境或条件是动态变化的，所以这就决定了世界不存在绝对的稳定和安全。当世界某一属性或环境条件发生变化时，人所向往的稳定和安全必然成为相对稳定和相对安全，且相对标准也总是变化的。比如，职业“铁饭碗”是不存在的，但自身职业能力是具有相对稳定性的内在能量。拥有“我值得”信念的个体总是可以保持内在稳定，并在遭遇困境和挫折时可以迅速恢复，内在稳定是个体最值得追求的稳定感和安全感。

在生活中的大多数情境下，个体凭借着思考或感觉做出判断和选择。然而，越是生死抉择或有巨大压力的情况下，潜意识认知信念指挥感觉做决定的比例越高。比如，“我值得”信念不足的人，在面临就业选择的压力情境下，其行为选择是寻求外界意见，且倾向于选择稳定和安全，用外在稳定来获得平复内心压力的力量。但是，这些个体在选择过程中缺失了最核心的一环，即建立内在自我信念，就是“我想要什么样的幸福生活”。同时，个体不相信自己可以做出正确的选择，更不敢相信自己可以拥有“幸福生活”，于是选择随大流、听众议，因为这样安全和稳定，别人都这么选，我也不会太差吧。

如果个体自童年期就建立了“我值得”的认知信念，真的很幸运，请好好呵护它，这是获得幸福体验的重要心理健康资源和幸福能力。你会拥有稳定的心理能量和信念力量，在实现幸福生活过程中，能体会到世界围绕着你的幸福生活而来，感觉到心想事成的力量和世界如你所愿的美好反馈。当你想要实现幸福生活时，宇宙会为你让路，世界会给资源，你总是感觉到“我可以做到”的自信力和可以选择幸福的掌控感，这一切都是因为“我值得”信念已经深深植入你的潜意识信念领域中，成为幸福信念的一部分。如果你需要自己在成年后再重新建立或强化“我值得幸福”的信念，虽然有些遗憾，但也没关系，只要你愿意，完全可以把它作为一个状态类目标写进你的幸福生活内容里。

如何在生活中构建“我值得幸福”的幸福信念呢？有四个字可以帮助你，“识、破、立、练”。具体来说，就是当你觉察到自己面对美好和幸福选择时，头脑里出现“我不值得”等这一类消极认知信念和想法时，你要用觉察能力**识**别出它，并且提醒自己“我不值得”不是真的，它仅仅是一个习惯性想法，只是时间久了而已，这样你就完成了对这一“原装幸福信念”的破除。接着，你要有意识地告诉自己“我值得幸福”“我值得美好”，并通过“实现三步”完成信念上“成为”和感觉上“入戏”，直至确**立**新的幸福信念并完成行为上选择幸福为止。最后，你要带着觉察去生活，不断在生活中练习以上“识、破、立”三步，也就是通过幸福觉察和幸福行动提升“我值得幸福”的信念力量，进而迭代进“选择幸福信念”中。

觉察笔记 16 “我值得幸福”信念

1. 记录今日认知笔记，挑选出哪些内容是你跟随内心所做的决定和选择。

2. 在跟随内心做的正向反馈的体验中，进一步使用“识、破、立”三步去练习确定“我值得幸福”信念，并将其记录到认知笔记里。

3. 觉察并记录今天发生的妨碍“我值得幸福”信念建立的事件或场景，尝试将想法、感受和行动记录到认知笔记里。

一段时间之后，翻开日记，看看自己的变化。

三、“我渴望”幸福

认知信念中的“他信念”是个体与世界的关系信念，包括自己解读世界的视角，以及自我与世界关系的认知信念。在童年成长期中，我们无法选择成长环境，意味着无法选择来自重要养育者输入给我们的“他信念”内容，这几乎属于被动输入。但是，个体“他信念”可以挑选和重构，成年后，我们可以主动选择“他信念”内容，重新选择解读世界的视角。

“我渴望”是“他信念”中的动力信念。

幸福是一种心理健康能力，包括向外探索世界的好奇和失败后继续前进的信心。对个体而言，外部世界是客观存在的，而且在不断地变化。因此，我们要动态选择“他信念”，并将其植入“选择幸福信念”认知体系中。或者说，个体在人生不同阶段，会选择不同的“他信念”去连接世界，并依据世界变化和现实状况动态调整“他信念”的认知信念内容，进而据此做出行为选择。

但是，世界上确实存在这样一些具有恒定属性的“他信念”认知内容，历经了时间的考验和人类文明的确认。在挑选“他信念”认知内容中，我们要特别去挑选这些恒定属性的认知信念，并将其植入“选择幸福信念”中，它们存在于人类文明长河里，存在于历史文化传承里，存在于人性光辉的高光里，存在于热气腾腾的生活里，且将恒久存在。这些“他信念”包括和平、爱、正义、公平、尊重、关怀和勤奋等，我们应选择并不断把它们加入“他信念”体系里。

“我渴望”是“他信念”中的动力信念，是个体自出生就自带的动力基因，更是人类发展的不竭动力之源。孩子天生就有探索世界的意愿，“我渴望”是探索世界的原始动力和自我发展的持续动力。然而，在成长中，孩子被禁止、被阻碍和被指责，“我渴望”这一探索世界的动力和意愿渐渐被熄灭了。

成年个体通过自我鼓励多做探索和尝试，依然有机会重启“我渴望”信念动力。比如，可以从提升幸福觉察能力开始，在生活中有意识地搜集自己想要的积极体验，同时多构建获得积极体验感受的关系，在内心积极感受的引领下，尝试幸福行动，扩展和世界的交集，在行动选择和积极体验中不断确认“我渴望”的信念动力。更重要的是，个体要觉察自己内在自我发展的动力意愿，跟随自我意愿和选择去行动，“我渴望”动力将逐渐恢复和强化。这个过程一定是在反反复复和前进后退交替中进行的，要知道潜意识习惯信念和无意识行为选择的力量会不断让你重回生活强制的轨道。没有关系，你可以选择停一停，允许并接纳习惯的力量，待内心平复后继续前进。

“我渴望”信念动力与人性中的自由意志原初动力紧密相连。是人，就有自由意志，是人，都渴望自由，体现在生活细微处的习惯、大事上的选择、社会中的位置、关系中的存在感等。一个人在某一领域的自由意志被压抑了，势必会在另一个领域迸发。说白了，自由意志就是“我渴望”实现自己的内心想法。

在实现幸福生活的过程中，“我渴望幸福”是个体选择幸福的主要信念动力，因为个体渴望实现心中想要的幸福生活，就会做出幸福行动和生活改变。每个人心中“我渴望幸福”的信念动力一直都在，它埋藏在你的内心深处。当你开始选择幸福，并下定决心要实现幸福生活时，“我渴望幸福”的信念动力就启动了。

“我渴望幸福”是主动选择幸福的动力信念。

拥有“我值得幸福”信念的个体拥有足够内心能量滋养自我，同时会带着“我渴望幸福”信念动力去建立自己和世界的关系，实现幸福生活。“我值得幸福”信念能量为“我渴望幸福”信念动力输出源源不断的内心能量，即使遭遇挫折，个体依然可以重新获得动力，再次起航。

然而，在成长过程中，“我值得幸福”的自我信念会不断遭到怀疑和攻击，内心动力用于维持“我值得”信念尚且不足，常常无力提供动力能量去满足“我渴望”信念，无法向外探索世界。在生活中，很多人明明没有做什么，仍然觉得很累，无力且不愿意去改变生活现状，成为生活强制轨道上的一只仓鼠，就是因为“我渴望”信念动力不足。

“我渴望”是“他信念”中构建个体与世界连接的能量通道。个体渴望世界的阳光和风雨，伸出枝叶去感受，这是积极探索世界的过程，更是主动选择与世界进行连接和交融的过程。世界就在那里，风雨和阳光共在，选择“我渴望幸福”认知信念，就是不断尝试、不怕试错、丰富幸福生活素材的过程，主动去尝试一下那些没有做过的事情，去看看那些没有看过的风景，去尝尝没有吃过的美食，最终在生活探索中获得幸福体验。

“我渴望幸福”是主动选择幸福的内心动力，是不断实践幸福行动的信念能量。个体带着对实现幸福生活的渴望，不断实施幸福行动，而行动是一切改变的开始，也是一切变化的开始。个体带着“我渴望幸福”内心动力与世界建立关系连接，在不断尝试和探索中获得积极体验，找到喜欢和擅长的事物，尝试建立“时间产品”，搭建“时间体系”，重新进行时间分配，以获得更多的积极体验和价值回馈，评估和调整“人生十二力”关系能量，这一切的幸福行动将促进幸福生活的实现。事实上，以“我渴望幸福”认知信念创建的幸福动力和实施的幸福行动中，个体获得了价值观和归属感等积极体验，幸福生活已经开始了。

构建和增强“我渴望”信念动力的错误方式是等待世界反馈和信号再行动。等待世界反馈，就是猜世界对自己的评判。这是一种习惯，在一切关系中，你都是在等待对方的评判，对方或世界评判你“好”，你就开心和舒服；对方或者世界评判你“不好”，哪怕是不够好，你就伤心和难受。于是，你投入到改变他人对自己评判的努力中，不再渴望探索真实的世界，而是陷入一轮又一轮的求证明、求认可、求点赞、求好评的循环中。事实上，我们很难改变他人的看法，也很难祈求别人点赞来认定自己。你不必等待他人和世界反馈，再去建立“我渴望幸福”的信念动力，在你确信“我值得幸福”时，已经获得幸福生活体验。

觉察笔记 17　信念觉察

1. “我信念”（你如何看待自己，尽可能多地去描述）：

____。

2. “他信念”（你如何看待自己和世界的关系）：

____。

3. 你给自己的“我值得幸福”信念能量评分是多少？

____。

4. 你给自己的“我渴望幸福”信念能量评分是多少？

____。

（评分标准按照“幸福三元素”中的“人生十二力”的“极差”“差”“一般”“强”和“极强”五个等级开展能量值评估）

将自己写下的“我信念”“他信念”与“幸福生活清单”进行对比。此时，给自己片刻安静的感受时间，看看自己的信念体系和“幸福生活清单”之间的关系。看看自己能有什么觉察收获，记录下来。

1. 能够帮助你实现幸福生活的信念有哪些？请写下来。

____。

2. 你还想增加哪些信念来帮助你实现幸福生活？

____。

3. 阻碍你实现幸福生活的信念有哪些？

____。

4. 你想通过修正哪些信念来帮助自己实现幸福生活？

____。

5. 以上信念中，列出对实现幸福生活重要的三个信念：

____。

觉察笔记 18 “我渴望幸福”信念

1. 记录今日认知笔记，挑选出哪些是你跟随内心所做的决定和选择。

2. 在跟随内心做的正向反馈的体验中，进一步使用“识、破、立”三步去练习确定“我渴望幸福”信念，并将其记录到认知笔记里。

3. 觉察并记录今天发生的妨碍“我渴望幸福”信念建立的事件或场景，尝试将想法、感受和行动记录到认知笔记里。

一段时间之后，翻开日记，看看自己的变化。

四、幸福和金钱是好朋友

很多人认为，我没有钱，谈什么实现幸福生活。他们常常会以“我没有钱”为借口，继续在对现实的不满中忍耐，因为他们将幸福生活与金钱自由画上了等号。积极心理学中的“伊斯特林悖论”研究表明：“金钱与幸福的关系不大，反而是越看钱，幸福程度就越低。”金钱不是实现幸福生活的必要条件，而且可以同时获得幸福和金钱。

金钱只是获得幸福的手段之一。

请你翻开幸福生活魔法书，标注出那些不需要金钱就可以实现的幸福生活内容，现在就去做这些事，意味着现在就可以开始幸福生活了。再看看那些需要金钱才可以实现的幸福生活内容，如果这些生活内容实现了，给你带来的感受体验是什么，将这些内容修改为状态类目标，那么此刻也可以实现它们了。看，实现幸福生活不需要等待金钱自由。

在我给职场人士做心理辅导的过程中，看过大量幸福生活内容，其中高比例的内容是“身体健康”“陪伴家人”“三五好友”“陪伴孩子成长”“去世界看看”和“做喜欢的事情”等，这些生活内容是人类心理健康发展和精神灵魂培育的养分，这些幸福生活内容跟金钱自由无关，且在当下生活中都可以实现。

幸福生活内容中跟金钱有关系的部分必然存在，也一定要存在。我们需要维持生存所用的物质条件，需要金钱作为中介物质去完成物质交换。虽然金钱是提高物质生活质量的中介物，但它不是幸福生活的最终目标，你可以奔着金钱去，但金钱仅仅是手段。你想要的，一定是金钱背后的满足感、控制感、影响力或其他状态类目标。

如果你跟金钱能量一直拧巴，与其向外索取，不如向内看，去探索内心的金钱潜意识信念，答案都在自己身上。如果你搞不清楚金钱和幸福的关系，认识和理解不到金钱是获得幸福的手段，你的生活就会以牺牲生活为代价来换取金钱。

请你带着觉察去查看幸福生活魔法书中与金钱有关系的具体生活内容，感受你需要金钱背后的心理动力和情感渴求，找到它，识别它，尝试跟它在一起。如果你愿意且有能力，直接去满足这些内容，那么你此刻就可以开始你想要的幸福生活内心状态，无须等待金钱自由。

马斯洛说：“人类最美丽的命运、最美妙的运气，就是能做自己喜欢的事情，同时获得报酬。”我们需要金钱去满足生存物质需要，所以幸福生活不回避金钱。我建议你从事一份兼具自己喜欢并擅长的工作，毕竟做喜欢的事情在当下就可以获得幸福体验。最好这份工具可以产生“时间结果”，乃至有机会建立“时间系统”，你在实现幸福生活的同时还可以获得金钱增长。

幸福和金钱是好朋友，一定的金钱保障可以让我们在生活中勇敢地说“不”，也可以让我们获得优先选择幸福生活的底气。金钱不仅仅体现为数字，更是心性和修为，是实现幸福生活的手段之一。

实际上，当幸福生活开始时，金钱自然就来了。金钱在价值交换关系中产生，如果这一关系可以带来正向的内心能量流动，交换关系将会长久而深入，金钱的来源有保证且长久。因此，幸福和金钱不是对立关系，而是好朋友。纪伯伦说："人生的一切都是美好的，甚至连金钱也是一样，因为它会给人们以教益。"

金钱是认知信念选择的结果。大多数情况下，金钱获得或失去、增加或减少与个体头脑中关于金钱的潜意识信念有直接关系，特别是在有压力的情况下，大多数人无法理智地对待与金钱有关的选择，人内心匮乏时会产生推开钱的力量，金钱喜欢内心丰盈的人。金钱是能给个体带来满足感和自由感的媒介，人的内心越丰盈，越能吸引同频率的金钱。

很多成功人士一开始并不是冲着金钱去的，而是内心在做事时的丰盈感吸引了同频率的金钱。我喜欢心理学，喜欢读书，更喜欢去分享，我哪里会想到现在有这么多机会通过咨询、讲课来分享我的学习成果，并且给自己带来了收入。我没想到，也没有想过这些，只是去做，因为喜欢、投入、平静、丰盈。渐渐地，我做得质量高、效果好，慢慢露出头角而已，你此刻看到的这本书就是我内心丰盈的果实。

生活中的大多数具体困难与金钱有关系，但也不要因为金钱而惩罚自己，不要因为缺少金钱而停止自我成长，使没有钱成为停止成长的借口。如果很遗憾你此刻身处金钱困境中，你更要成长自己，且加速成长，你才有机会获得更多金钱，走出困境。不要因为金钱而做自己不喜欢的工作，反正都是赚钱，为什么不选自己喜欢的工作呢，如果你需要当下工作维持生存物质条件，你可以尝试在兼顾生存时开始做自己喜欢的生活内容。不要因为金钱，长期做"仅仅出售生命时间"的工作，请留出部分时间用于产生更大时间结果价值的其他三个领域，从而获得时间的长久价值回馈。不要因为金钱去惩罚自己，可以尝试反过来，先做滋养自己的事情，在此基础上，你才能够去创造价值。

金钱是个体信念能量的价值呈现。获得金钱的大智慧大多经过了时间的验证，以往对的，现在对的，未来也一定对。获得金钱的方法论很多，但能做到的并获得金钱的都是少数人。为什么？因为大多数人嫌通过金钱大智慧获得金钱的速度太慢，而少数人笃定走金钱大智慧之路后，慢慢积累，气定神闲，他知道未来已至，财富在路上。两种人一快、一慢的选择中，尽现幸福能力和心性能量。金钱，是自我滋养的一个副产品。因此，选择幸福生活倡导的金钱观，是专注在滋养内心的领域，打造“时间产品”，或构建“时间体系”，通过不断增加被动收入来实现财富自由。

奥南多在《对财富说是》中写道：“成功和金钱从来不会存在于重压之下，只会在滋养和支持中发生。从纯粹的快乐和热情出发，让更多的钱主动靠近你。钱是一种结果。”幸福生活是个体时间和精力专注在喜欢和热爱事情上的生活，过程对了，就会提高获得金钱结果对的概率。你可以实现幸福生活，也会获得金钱富足和内心自由。

积极心理学家塞利格曼发现：“如果人们在自己的工作和对他们有意义的社会事物之间建立联系，他们就会获得更多的满足感。”这种满足感会带来内心充盈，作为价值媒介的金钱就会到来，内心充盈并有影响力的人自然会获得金钱。因此，当个体将“我渴望”的信念动力与个体影响力合二为一时，个体将获得改变世界的信念动力和控制力量，金钱作为影响力的变现结果会出现巨大数量级的增长。

金钱是一个幌子，你冲着幌子去，会落空；金钱是一种资源，你冲着资源去，会被它控制；金钱是一种能量，你冲着充实人生去，会获得成长。记住，金钱是个人幸福能力和心理能量提升后的副产品，更是实现幸福生活过程中的自然结果。

觉察笔记 19　“我和金钱是好朋友”

请认真思考并填写以下内容，写下你的答案、行动计划或行动内容。

1. 怎么赚钱？给你一个建议公式：擅长+喜欢+他人需要+为他人创造价值+数量级+价值系统，从这些交叉点中找到你的赚钱路径。比如，我做自媒体和出版书籍。

尝试写下你的赚钱公式________________________________。

2. 什么时候赚钱？内心能量稳定时和“我值得幸福”能量充盈时。

你感觉在做什么事情时或在什么情境下，内心能感受到平静和能量流动？

____。

3. 如何才能赚钱？

（1）认知：

1）专注于事情的本质：提供实用价值满足生存需要（外），提供情感价值满足精神需要（内）。你正在做的价值交换工作的本质：________________。

2）直达目标：不设定任何前提条件，直接去寻找实现目标的必要条件。你正在做的价值交换工作的目标：________________。

3）金钱是滋养的工具：以滋养自己为前提，发挥能力和灵感，至少要成长自己。

你正在做的事情对自己的滋养体现在：________________。

你正在做的事情发挥了自己的哪些能力：________________。

你正在做的事情是否帮助你成长自己：________________。

你正在做的"时间产品"是：________________。

你正在做的"时间体系"是：________________。

4）自我负责：我选择，我负责，核心是以滋养自己为前提。

你在哪些方面自我负责：________________。

（2）感受：

1）找到喜欢：深入认识自己，或者从擅长中找到喜欢。

你喜欢什么：________________。

你擅长什么：________________。

既喜欢又擅长的事：________________。

2）直面恐惧：化恐惧为风险。

你恐惧什么：________________。

恐惧事项的具体风险是什么：________________。

（3）行动：

1）制订计划。

目标计划——幸福生活中关于金钱目标的具体数字：________________。

价值观选择——有意义（滋养自己）有价值（需求）的工作：

________________。

扩大量级+借助系统，发展自己，走出去、看到你、宣传自己：

____。

准备内容——资料搜集、相关人访谈：____________________。

幸福生活中的金钱计划是：__________________________。

2）记录你试错过程：______________________________。

3）你如何开展“小幅迭代”过程：____________________。

五、永远有 Plan B

未来无法预测，但人类偏偏喜欢预测未来，并由此希望获得掌控感和安全感。预测是大脑进化的优势功能，通过总结归纳和预期能力，提出对未来的猜想，并进行想象性思考，希望通过规律把握去掌控未来的生活。然而，预测未来不如塑造未来，与其预测未来能否实现幸福生活，不如主动选择塑造当下的生活，置身于幸福生活之中。

迭代幸福生活的内容就是增加生活选择权。

我的童年在东北辽南小镇上度过。小镇北边有一条大河，从坝下到坝上有两条路，一条是直接可以从下面上来，陡陡的坡，很多孩子猛地一使劲儿加上助跑，倒是可以成功地冲到坝上。另一条是绕过河滩，去爬一段缓坡，再到坝上。记忆里，我总是选择走那个长长的路，慢慢走到坝上。但我知道陡坡，我也会观摩他们上去的技巧。

有一次，突降暴雨，大家急着回家，很多人都尝试从那个陡坡上去，不仅没上去，反而因为雨大土滑受伤了。于是，他们开始慌乱，尝试找其他的路。我熟悉缓坡的路，暴雨来临之后，我直接奔向缓坡，在小伙伴们挣扎失败、慌不择路的时候，我已经安全到达坝上，然后引导他们找到缓坡，来到坝上。

没有暴风雨的时候，从坝下到坝上，走陡坡和缓坡基本没有差别，陡坡给人感觉会更快到达坝上。在暴风雨来临的时候，能够快速到达坝上的安全地带，靠的是稳定的内心和一条安全的路。我知道去坝上有两条路，一个是陡坡，一个是缓坡，于是我有两个选择权。面临暴风雨来临的压力性事件时，我也不慌乱。其他人为图省事，只知道陡坡，而不知道缓坡，有很大的风险。有时候，偶尔铆铆劲可以办到的事情成功了，值得高兴，但如果因此丧失了其他可选择权，就要引起警惕了。为自己的生活增加多个选择权，有了 Plan B，心中不慌，内心平稳，幸福体验才有机会出现。

想为生活构建 Plan B，就得为自己增加生活的可选择项。总是在幸福生活内容中构建多个可选择项，意味着你与生活绝境感彻底隔离，始终处于内心滋养的心灵环境，你帮助“自我”构建了稳定感和内在平静感。生活可选择项是主动选择丰富和迭代幸福生活的内容元素，是幸福信念带来的幸福行动，个体由此产生内在掌控感和幸福体验。

迭代幸福生活内容的过程就是增加生活可选择项的过程。幸福生活内容是动态变化的内容，在实现幸福生活的过程中，通过寻找和试错，帮助自己不断调整、更新迭代幸福生活的内容。如果你无法明确找到“自己想要的幸福生活”，明确“自己不要什么”，同样可以提高选择幸福效率，“明确”比“可能”更加符合要事第一的原则。将那些自己试过且明确“自己不想要”的内容从幸福生活内容中去掉，同时在幸福生活内容中不断增加带来当下心流和幸福感受的内容。当你的幸福生活内容都是自己内心期待，且可以获得当下心流体验的生活内容时，是不是稳稳的幸福都已经在手中了呢?

幸福生活是抵抗人生风险的有效方式。

风险的原意是可能性，是指不可控事件的发生，但是什么时间发生，如何发生，有多少消极影响，一切都是未知数。塔勒布在《黑天鹅》中写道：“黑天鹅事件的逻辑是你不知道的事比你知道的事更有意义。”风险无处不在，躲避或控制都不是对抗风险的有效方式，构建有弹性、具备多个选择项的生活状态，才能抵御人生风险。

在幸福生活内容中，构建多个生活可选择项，有助于分散风险发生的消极影响。由于你始终处于内心能量平静和稳定状态，即使面对发生的风险，你也有足够的心理能量和精力去找到减少风险带来损失的最佳方式。你不仅仅是在抵御风险，还有机会在风险中获得优势和收益。因此，建立幸福生活的可选择项是抵抗人生风险的有效方式。

在实现幸福生活的过程中，不断优化和迭代生活清单内容，永远让自己有多个可选择项，且这些可选择项都对自己有利，这是稳步实现幸福生活的方式。多个生活可选择项可确保我们实现自己想要的生活内容，达成内心状态类目标，同时保证我们一直处于抵抗生活风险的优势位置，无论选择哪个生活内容，都是幸福生活的实现。尽管我不知道未来是否存在风险，或者黑天鹅事件何时发生，但我明确知道我有可选择项，并且清楚地了解它们对我生活的影响，我心中便无所畏惧，稳稳地投入当下的生活，幸福体验就开始了。同时，这种生活具有可选择项的内心体验本身就可以给人带来安全感、掌控感的积极体验。

迭代幸福生活可选择项内容也是不断自我优化的过程。迭代预期法则表明，“如果我预期在未来某一时间遇见某件事，实际上，我已经遇见了那件事。”预期的事情终会发生，主动选择去塑造的幸福生活也会实现，大脑会搜集一切与此明确信息相关的资讯、渠道和关系，最终实现它。我们主动选择幸福生活内容，就是主动出击，在自己塑造的人生体验中绘制生命曲线，“明确的想要”更有人生效率，有多个可选择项的生活会更加幸福。

如何构建幸福生活的可选择项内容？很简单，就是在某个生活状态和生活选择下，尽可能让自己拥有两个以上的选择项内容，以此在风险、压力和突发事件中，既能保全自己，又能让自己仍然置身于幸福生活中。比如，工作收入中，增加多种收入来源项，即使失去工作的主动收入，还有知识产品的被动收入，始终要有能支撑两年生活质量不降低的紧急备用金，有意识地建立各种价值网络，以多维度优化自己的收入选择项。

实现幸福生活就是不断优化生活选择项的过程，而幸福生活中始终要有的可选择项内容之一是平静的内心。不断优化和迭代你的幸福生活内容，尽量确保每一次选择比之前更好，选错也没事，因为还存在其他选择项。建议你为自己的幸福生活增加多个可以长期去做的生活内容选项，比如持续学习、持续锻炼、持续多维度发展自己，这样在长长的一生中，你可以始终保持平静的内心，体验心流当下，且获得未来可期的美好体验，这就是幸福生活本身了。

觉察笔记 20　幸福可选择权

请认真思考，并尝试为你的幸福生活内容前 10 项内容中的每一项增加一个可选择项内容。

1. ______________________________。
2. ______________________________。
3. ______________________________。
4. ______________________________。
5. ______________________________。
6. ______________________________。
7. ______________________________。
8. ______________________________。
9. ______________________________。
10. ______________________________。

本章小结（见图 5-2）：

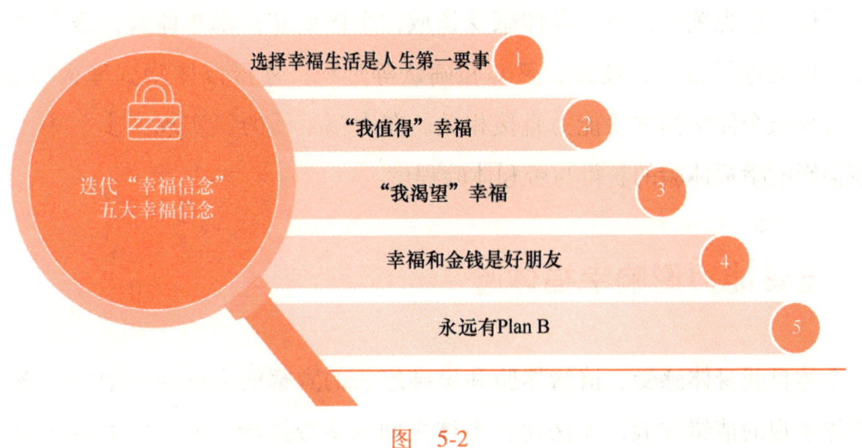

图　5-2

第六章

提升幸福觉察

幸福是一种健康而积极的情绪体验，主要产生于两个领域：一是认知信念领域，生活过程或结果符合幸福信念，达成内心想要的结果；二是身体感受领域，身体健康舒服，放松舒适。或者说，身心感受舒适、和谐、一致时，个体会获得幸福体验。

无论是信念领域，还是身体感受领域，个体要获得幸福体验，需要对自身感受、体验进行留意、捕捉、感知和确认等过程，才可以体验到幸福的感受，这一过程与个体幸福觉察能力直接相关。在幸福生活的“实现三步”中，幸福觉察会影响幸福体验的获得与否和体验程度。

一、觉察能力影响幸福体验

个体自我身体感受、情绪体验和思维想法的觉察能力影响幸福感。幸福感是个体主观的情绪体验，无法比较个体之间的幸福体验，但是可以对比和觉察到个体对自身幸福体验的多少和程度变化。那些常常关注自己身体变化和情绪体验的个体，能够获得的幸福感受频率更高、程度更深。

觉察力是帮助个体获得幸福感的心理能力。

觉察力是个体对身体、情绪感受和头脑想法的注意力习惯。生活中，个体在紧急情况下会自动忽略身体感受和情绪体验，直接启动潜意识领域的习惯性行为习惯，做出行为选择。比如，逃离危险时，身体受伤流血而不自知；面对强劲对手时，带着恐惧去奋进等。这些忽略身体感受和情绪体验的情况，相信每个人都遇到过。

但是，这些极端情况在生活中出现的比例极少，大部分时间里，我们生活在平凡而普通的日子里，内心拥有可以平静生活的社会环境，那么具有强觉察能力的个体在生活中的心理能力优势就会体现出来。他们的生活幸福体验感更强，幸福体验频率更高，因此生活自感幸福，且生活质量很高。个体觉察力，特别是对积极情绪感受的注意力习惯，是帮助个体获得更多幸福感的心理能力。

个体觉察能力的强弱与“自我力”中的第三个关系力“觉知力”直接相关。但是，觉察力强，觉知力不一定强；然而觉知力强，觉察力一定强。觉察力是觉知力的基础，觉知力是觉察力的深入。

觉知力和觉察力可以互相影响，但也有不同之处。觉察力仅仅是了解、察觉到某些东西，是一种对感知和信号源的探寻。经由觉察感受，深入信念和行为，觉察的结果是“我知道了”，知道、了解就可以了。觉知比觉察要更深入一步，个体在明白“我知道了”的个体信念、感受和行为后，深入探究为什么我要产生这样的想法，为什么我会做出这样的行动，什么导致我产生此刻的感受。特别是在突发事件和压力状态下，个体表现出来的行为、言语和态度与平静状态时完全不同，我们可以经由这样的情形和状态去深入了解自己。

我们应以觉察为入口，以觉知为目标，尝试认识真实的自己。觉知力是深入了解个体自我“核心力”和“接纳力”的入口，通过对个体身体感受和情绪体验的变化去深入认知自我。提升“觉知力”的方式就是带着觉察去生活，当我们通过觉察深入了解自己的习性，理清负面信念和思维模式时，就等于掌握了头脑中的幸福误区，为获得幸福体验和实现幸福生活留出心灵空间。

觉知力提高恰恰是在突发事件和压力下实现的。当处于积极感受状态的时候，自己身体是敞开的，身体荷尔蒙也非常充足，此时你没有办法看到真实的自己。为什么呢？这是因为个体在处于积极感受状态时，往往与世界是积极交互状态，这个状态下的自己并不是完全自我，此时自我已与世界融为一体，与周围环境融为一体。

但是，当我们处于消极感受状态时，个体情绪体验倾向于收敛，自我倾向于跟世界切断关系，自我需要躲到“壳”里边，让自己感到安全。此时，个体会带着觉察去看自己，就有机会看到真实的自己。当遭遇负面情绪、负面事件的时候，真实的自己就会从潜意识信念背后显现出来。

在实现幸福生活初期，我们从学习提升幸福觉察开始就足够了，从关注生活中出现的幸福体验和积极情绪开始，就已经将自己置身其中了。随着幸福觉察能力的提升，内心平静的感受也成为一种积极情绪体验，渐渐地，你可以尝试通过觉知的方式去深入了解自己，呈现“原装幸福信念”，迭代“选择幸福信念”，对真实的自己了解更深入，更笃信自己内心想要的幸福生活。

生活中，如何觉察自己的身体感受、情绪体验和头脑想法？可以尝试“标签法”。

比如，当有负面情绪出现时，自己能够觉察到，此时可以贴一个标签，如“我生气了”。最重要的是把注意力放在自己内在，而不是放在那些引起自己负面情绪的人、事、物上，再去观察此刻自己身体的变化和感受，看看自己的身体有哪些反应，是后背紧绷，还是觉得胃不舒服，或者有其他身体感受存在。将自己的注意力关照在身体上，允许负面情绪存在，不去抗拒。

如果感觉情绪程度可以承受，试着去看看此刻自己头脑中的想法，自己在想什么，以第三者的视角去观察自己的思想或头脑蹦出的想法，给自己头脑中的想法贴一个标签，如“我觉得自己不够好”。有时候，你可能会被自己头脑当中的想法吓一跳，此时请带着觉知关照它就可以了，不需要去评判，我们只需要知道这是一种思想或想法，它并不代表你。

如何提升幸福觉察能力？必须持续练习和践行正念生活方式。

正念生活方式倡导我们关注当下，就是将注意力集中在自己正在做的事情上，关注到感官体验和此刻眼前的人和事物。正念练习中有一个经典的吃葡萄干练习，将吃的过程中对葡萄干观察、咀嚼、品味、咽下等吃环节“拆开”，放慢速度去体验和感受，将注意力高度集中在每一个动作和体验上，去感知身体变化和情绪体验。

另外，冥想练习也是提升察觉能力的有效方式。大脑在不经意间会走神，我们常常在回过神来的时候才会知道自己走神了。走神就是注意力从当下正在做的事情中溜走了，大脑注意力不在当下，自然也就无法感受到当下的身体变化和情绪体验。冥想练习可以帮助我们将注意力始终放在当下，练习关注自己的呼吸和身体变化，将大脑损耗降到最低，同时提升自己对身体和情绪的关注度，你对自己的觉察能力将不断提升，生活体验和感受会渐渐鲜明起来。

觉察自己，如同跳出来带着第三者的视角去观察自己，关照自己当下的感受，察看自己当下的信念，检测自己当下的行动。当下，我们不带有任何评判和倾向，仅仅是去看一看，带着好奇去观察自己和确认体验。

除了通过正念生活方式提升幸福觉察能力，另一个培养获得幸福体验心理能力的关键练习在于不断重复那些美好的体验，使其内化为个体的神经回路或大脑的持久记忆。个体可以多次尝试体验那份积极情绪的感觉，或者采用正念方式反复在心中体验美好的感觉，使其内化。同样，个体可以刻意创建情景或机会，去体验自己想发展的积极体验，尽量去感受它，花些时间去深入觉察自己的情绪体验和身体感受，比如通过呼吸来把这一体验保持住，在多次呼吸和体验中将这种心理体验内化。

生活中，因为习惯的力量，我们常常会滑入潜意识领域，受到潜意识习惯信念和无意识行为选择的支配和控制，而带着觉察去生活，会帮助我们尽力避免滑入潜意识中的习惯性信念，我们便有机会重构幸福信念，实施幸福行动，实现幸福生活。

觉察笔记 21　正念冥想呼吸

1. 练习指导语。在一个安静的环境下进行，确保没有干扰。躺姿或坐姿都可以，如果你躺下来，发现自己容易睡着，请尝试坐姿，后背直立放松，离开椅背，腿自然放置，双手可以放在大腿上，闭上双眼。你可以在一天中任何时候练习，在自己感觉平静和放松时最佳。

当你放松下来，能够安于当下的坐姿，就可以将注意力放在自己的呼吸上，跟随呼吸，一呼一吸。让你的意识跟随着呼吸，你只需要正常的呼吸就好，在吸气与呼气时，保持这种对呼吸的专注。没有必要去记录呼吸的次数，或弄清呼吸的过程，只要专注于吸气与呼气。

中间可能会走神儿，没有关系，温柔地拉回注意力，继续关注呼吸就好。每天 10 分钟左右用于练习，你可以设定一个时间闹钟，也可以随时结束，当结束时，温柔地睁开眼睛，带着新鲜好奇感重新感受这个世界。

2. 请写下你练习过程中的感受、头脑中的想法和行为冲动。

二、幸福常态是内在平静

幸福是一种健康而积极的体验，与幸福生活内容的结果类目标和状态类目标有直接关系。通常，幸福体验出现在状态类目标的持续内心感受状态，预期内结果性目标实现的时刻，突然而至的超预期结果时刻，以及结果性目标实现过程中的内心感受状态。

幸福体验频率比长度更能带来总体幸福感。

积极体验只能在当下存在，或者说只能在某一时间点上出现某种感觉体验。但是，人们倾向于评价一段时间内自己的总体生活感受。即使是针对某一时间点的结果类目标进行体验、评判，人们依然倾向以一段时间段内的概括性体验为评价标准，这是因为大脑的记忆有限，在某个时间点上可以关注的事务或者信号非常少，人们常常会拉长某个时间点至时间段，以总体生活感受体验来表述某一时间点的生活感受。

一个幸福的人也会有情绪上的起伏，但他会在整体上保持一种选择幸福的积极生活状态，并且总是处在增强心理健康能力的过程中。散落在生活中不同时间点里的积极体验组成了个体对生活幸福感的大致评判，比如童年时期我是幸福的、大学时期我是幸福的等。这些时间段里的幸福体验并不是一直在持续，而是散落在时间各处和生活的不同情境中，高频的幸福体验给个体带来了关于这一时间段内的大致幸福体验评价。

《哈佛幸福课》一书通过实验数据得出以下结论："幸福体验频率比幸福体验长度更能带来长久的幸福感受，一个每天都有十几件小喜事发生的人，很可能会比只有一件大喜事发生的人更幸福。"人类身体激素的分泌会受到情绪体验的影响，比如，在积极情绪体验中，身体会分泌诸如多巴胺等激素，个体会感觉舒适；在消极情绪体验中，身体分泌诸如肾上腺素等激素，个体会感觉身体紧绷。而这些激素无法长期分泌，一段时间后，个体的感觉体验会渐渐恢复平静，激素自动调整为正常水平，个体身体感受回归正常状态。

因此，要想实现幸福生活，获得幸福体验，并不需要自己总是处于积极体验之中，实际上身体也无法做到总是处于某种体验状态中。即使当下一段时间内出现积极体验，个体感受也会随着时间渐渐冷却直至恢复平静。

实现幸福生活的方式并不在于自己总是处于积极体验中，而是要保持内在平静，并在生活中提升幸福觉察能力，可以觉察并收集生活中的“小幸福时刻”。这些散落在生活中的“小幸福时刻”如同生活中的珍宝，把它们找到、串起来，你会拥有一串幸福生活体验。

事实上，我们所能做的提升幸福生活体验的事情都是日常小事，你只要找到这些可以带给你幸福体验的“小幸福”，每天花一点时间去做，慢慢地，你会发现自己的生活体验发生了变化。带给我“小幸福”的事情是冥想、瑜伽、读书和写作，我将这些事情安排到我每天的生活里，这样就可以确保我总是可以获得幸福体验。

幸福生活的常态是内心平静。

《当下的力量》一书中有这样的内容：“当思维空白产生时，突然，你就会感受到内心的宁静，在这种宁静状态中，有一种微妙的但却很强烈的喜悦、爱与平和。”内心处于平静时，你才有机会体验幸福生活中的三个基本积极体验——喜悦、爱和平和。内心平静可为大脑提供空间，通过觉察体验当下自己的内心，潜意识信念控制的自动思维会停止，你会感受到“此刻静止”的思维留白体验。拨开头脑的自动思维，此刻你才有机会体验真实的世界，此刻的你是真正的自己，与真实世界在“此刻静止”中握手相遇，你原本自带的喜悦和爱就可能出现，就有机会获得幸福体验。

在内心平静状态下，个体才有机会感受到幸福体验。幸福就在我们心灵中，我们自带爱、喜悦和平和这些基础简单的幸福体验。随着头脑被自动化思维控制而自行运转，幸福体验成为散落的心灵“珍珠”，在头脑思维空白或内心平静时，积极体验才有机会出现。在内心平静状态下，个体内心处于敞开状态，幸福觉察能力最强，此时生活中出现的积极体验，常常会被个体感知，高频率的“小幸福时刻”体验组成了“我很幸福”的认知信念，从而建立起实现幸福生活的正向循环。

幸福生活内容只能在内心平静状态下才可以实现。在你的幸福生活优先顺序内容中，可以将第一优先选项设定为保持内心平静。在内心平静的状态下，个体实现幸福生活的心理能力才有机会发挥作用，个体生活创造力和行动力就会释放出来，就可以创造出面对生活压力和内心困境的解决方案。有时候，面对矛盾和困难时，我们不是没有解决头绪，而是内心乱了，情绪覆盖了理智和思维，精力都被消耗在不平静的情绪上，哪里有心力去看到事实、解决问题呢，自然无法发挥出创造力和行动力。

人处于内心平静状态时，该吃吃，该喝喝，该客气的时候客气，该隐藏自己的时候藏着，该让步的时候妥协，头脑意识领域中的理智和思维在掌控着生活，说白了，就是你在主动选择生活。人在处于压力状态时，大脑无法思考，身体机能和感觉下降，食不知味，心不在焉，脾气暴躁，不顺心、不顺意的事就都来了。

人心不平静，乱了思考、乱了心性、乱了行为，遇事慌乱，潜意识接管了思考，恐惧、害怕、接管了行为，习惯性潜意识信念和无意识行为开始接管生活选择，生活失控了。遇事慌乱，乱的不是事，乱的是自己的心。乱的不是不知道怎么做事情，乱的是不知道怎么平复自己，核心是你不知道怎么让自己恢复平静。内心不平静，如何处理困境和解决困难呢，更谈不上去实现幸福生活了。

幸福生活是自己内心想要的一种理想生活状态，其中包含对期待实现幸福生活的内心满足感，这一积极情绪体验需要我们用心体验，这种感受觉察力在内在心理平静状态时最强。这是因为我们“存在就是爱”，不用证明自己，我们自己就是幸福本身。当你内在心理平静时，就可以感受到自身的圆满和喜悦，这就是幸福体验，这样的生活就是幸福生活。

内在平静是实现幸福生活的心理能力。

如何获得保持内在平静的心理能力呢？其实不用学习，我们心灵的本来属性就是内心平静，只要保持真实自己的状态，心灵中的平和就可以一直呈现。可惜的是，在我们成长的过程中，有太多的“他信念”植入大脑，形成了潜意识习惯性思维和无意识行为选择，重重覆盖了平和的心灵，取而代之的是焦虑、苦闷、急躁、攀比等。

如何恢复内在平静的心理能力呢？学习将自己宝贵的注意力从他人身上收回，投在自己身上，不去改变他人，用来提升核心自信核心自信强大了，之前遇到的问题和难事自然就变“小”，内心自然就平静下来了，因为你对自己应对挑战和解决困难的能力越来越有自信了，内心自然就平静了。

每个人只能是自己生命的所有者和创造者，你的责任是运用你所学到的东西，把自己变好，把你的人生过好，实现心中想要的幸福生活。你自己好是基础，谁也无法替代你，谁也不是你的依靠，谁也不是你生命的延续。你能改变的仅仅是自己，先关注自己、滋养自己，把能量收回来；先稳定好自己的内心，恢复内心平静。实现幸福生活是人生的第一要事，那么保持内心平静就是实现幸福生活的第一要事。

内在平静是预感“不妙”时扭转局面的大招。《复原力》一书中写道：“人类内心能量的自我复原力中，拥有平静的心理资源，可以帮助我们在面对伤痛及其造成的威胁时，进入身体‘响应模式’，‘响应模式’让人感觉很好，帮助身体得到保护和补给，精神得到放松和满足，这是自身需求得到满足时带来的一种圆满和平衡的感觉。”生活中，如果你预感到事情不妙，此时你需要做的是阻止大脑继续发展负面的想法，深呼吸，让自己跟当下的身体连接，让大脑有一个空白停顿。停留一下，通过关注呼吸、停留当下的方式，让内心平静下来。即使那个你曾经担心的负面情况出现，你依然可以在内心平稳的状态之下去应对。

我们通过提升觉察能力，随时可以在生活中做到内心平静的状态。当自己有负面情绪状态时，可以通过调节呼吸的方式让负责放松的副交感神经和激发紧张的交感神经平衡起来，以达到内心平静的心理状态。在日常生活中，要刻意培养和建立能够带来内心平静能量的生活场景和人际关系，提升保持内心平静的心理能力。

内心平静的持续心理状态表现为心稳。心稳确保个体认知信念“后方”稳定，“前方”行为选择开疆辟土，勇往直前。心稳是个体最大的安全感来源，可以保证自己处变不惊，在风浪中前行。如果只给自我成长设定一个目标，那么达到心稳即可，在生活中提升觉察能力，在惊慌中平稳心力，在迷茫中加强心力，在成长中持续保持和恢复内心平静，从而收获心稳的内在能力。心稳是内心平静的日常练习的结果，人人可以做到。

一个人内心平静时，可以“做好”事情，事情“做好”了，顺其自然的事情结果就是“做成”了。当脑中飘过“我一定要实现幸福生活”的念头时，自己要有觉知，人类的自恋躁狂要升腾了，修行就此开始，遇事才会不慌。此刻，请开始深呼吸，调整自己，逐渐恢复内心平静。把心力和注意力放在实现幸福生活的过程中，同时做滋养自己的事情，内心会慢慢恢复平静。

保持内心平静，并不是一件小事，它是生活、工作的核心。《禅与摩托车维谈艺术》一书中写道：“论如何改变人类的命运，首先从如何维修好一部摩托车开始，从平静而专注的做‘好’工作、过‘好’生活开始，这些更有长远的价值。”

能够使你平静的生活就是好的生活，能够保持内心平静的生活才是幸福生活；能够使你平静的工作就是好工作，能够使你处于内心平静的工作才是可以带给你时间产品或建立时间系统的工作。只有内心平静，你才能够觉察到美好的存在，你才能够知道什么是真正的好，你才能够与工作、生活融为一体，你的创造力、天赋和潜能才可以在工作、生活中发挥出来，这样的生活就是幸福生活。

觉察笔记 22　觉察内心平静

1. 写下近期给你带来幸福体验的事情、情境或人，体会幸福体验发生的频率和深度。

____。

2. 写下近期带给你内在平静的事情、情境或人，以及内心平静状态下的想法、感受和行动。

____。

三、幸福体验随时可以获得

你是不是也常常沉浸在对过去的回忆和对未来的规划中，而完全没有意识到当前发生的事情，对周围展开的生活浑然不觉？当下的感受是如此平常，以至于我们把它当成理所当然的事。

事实上，当下并不寻常，毕竟我们很少活在当下，感受当下。无论你在做什么，当下就在这里，在普通平常的日常生活中，在你喝水的动作里，在你刷牙的过程里，这就是正念觉醒的要义所在。

幸福体验在当下的生活中。

活在当下意味着幸福体验就开始了。卡巴金在《多舛的命运》中写道：“生命只是在这个时刻呈现，正念的疗愈能力存在于当下每一刻全然的生活中，接纳生活如其所是的样子，对未来所有的可能性开放，活在当下。”正念的全部意义，就在于你将全部注意力集中到自己正在做的事情上，在这一刻你感受到“生命”，感受到“自我”，感受到“生活”，这一刻注意力纯粹地只关注当下，内心平静，头脑纯净，这就是幸福生活的样子。

你想要的鲜花掌声、金钱权力，是生命中的一刻，而生命存在的“这一刻”就是此刻生活的全部。幸福生活其实很简单，就是要实现注意力专注在“这一刻”。你可以试试看，那些高光时刻和专注当下“这一刻”的感受几乎是同样的满足感和成功感，仅仅从断断续续的担忧中解放出来，你就会感觉到轻松和愉悦。

实现幸福生活就在当下，而你需要把正念当作可以在一整天中运用的资源，当你的注意力放在当下的生活，而这个生活内容来自“幸福生活魔法书”时，你的幸福体验就产生了，你已经置身在幸福生活中。正念的美好在于你不需要抽出额外的时间来练习，它所要实现的不过是训练将自己的注意力专注在当下正在做的事情中，而不是沉浸在其他的头脑想法中。注意力是幸福之源，“活在当下”是提升幸福觉察能力的核心，也是当下就开始幸福生活的关键。

实现“活在当下”的方式就是“专注当下”，刻意投入注意力到幸福生活内容中，从而获得生活沉浸感和心流体验。“专注当下”是从被动生活进入主动选择幸福的生活方式。专注当下可以获得心流体验，当下是当下，当下也是未来。专注当下是一个很美好的状态，意味着自己在时间的缝隙当中，尽可能地去扩大自己的感受。

当下，已是瞬间；过去，远远离去；未来，说到就到。时间，不可管理；时间，无为而行。如果你被不安全感或焦虑感吞噬，眼中看不到当下，那么你就失去了体验幸福的机会，也就失去了和世界的真正联系。当下永远是获得幸福能力的源泉，重要的是此时此刻你选择什么思想，选择什么信念，说什么话，做什么事，以及和谁在一起，因为现在的信念、语言和行动将创造你当下的幸福体验，实现未来的幸福生活。

有一项关于“追踪你的幸福”研究项目，自2009年追踪了83个国家15 000多人，此项目搜集了50万个数据，并获得一个重大发现，就是人的大脑几乎一半时间都处于走神状态，这似乎降低了积极情绪体验。因为不管人们在做什么，大脑走神时，都不如他们专注的时候幸福。

如果世界上有一颗实现幸福生活的万能药，它一定是“专注当下”。人生有明确目标时，专注当下助你提升效率，提前达成目标；人生没有目标时，专注当下帮你找到喜欢的事物，明确方向。感觉生活没有希望时，专注当下让你获得此刻的满足和幸福；感觉生活有期待时，我们更要专注当下了，此刻的专注为未来目标的尽快实现奠定基础。自我怀疑时，专注当下可以帮你摒弃头脑当中的胡思乱想；笃信未来时，专注当下可以帮助你加速前进、高效完成。不知道做什么以及处于困境的时候，专注当下帮助你内心平静下来。心静下来，才可以找到出路，改变现状。这也是很多有兴趣爱好的人生活感受更幸福一些的原因。

选择“幸福生活魔法书”中的生活内容，并将注意力投入其中，同时笃信当下的幸福可以延续至未来，自然会获得内在的平静，从而专注投入到当下中，幸福体验就自然来到了。

正念生活方式就是幸福生活。

《幸福创造力》一书中写道：“幸福创造力的基础是提升觉察力，其中最有效的一个方法是正念训练。”专注而投入做你正在做的事，就可以获得幸福体验。试着在生活中将注意力都集中到正在做的事情，体验它、感受它，跟当下在一起，生活的正念就产生了。

正念起源于古代佛教，是东方佛教和西方现代心理学的一种融合。正念可以是一种行为，也可以被视为生活特质，更可以被视为一种心理状态或过程。正念是个体通过注意力调节将意识引导到当下，并对当下保持好奇、开放和接纳状态，从而产生对当下专注体验和重新认知的过程。

在每一刻的正念中，你体会到世界的不同，每一时刻的体验是真实和鲜明的。我认为，正念是实现幸福生活的心理健康能力，大脑走神和自动化运行是常态，而能够将注意力始终放在当下生活的心理健康能力需要通过不断练习来获得。

正念生活方式会使生活体验变得更加鲜活。你的思考安静了，较少地将思维安插在你和正在发生的事情之间，会产生更大的体验感。正念生活方式中最重要的是，始终提醒自己生活就是当下，最值得关注的只有当下。“活在当下”是一种生活体验方式，不是混日子的借口。混日子，根本无法活在当下。每个人心中都知道，自己什么时候在“混日子”，什么时候在体验“活在当下”。

正念是阻止我们滑入潜意识“深渊”的保护河。如果你预感到事情不妙，此时你需要做的是切断当下不妙的预感，深呼吸，让自己跟当下连接，让大脑有一个空白的停顿，阻止大脑继续发展负面的想象。停留一下，让自己的心静下来。即使那个你曾经担心的负面情况真实发生了，你依然可以在心稳的状态之下去应对一切。以正念的方式活在当下，是在感觉“不妙”时扭转局面的大招。

正念生活方式帮助我们获得被爱的体验。怎样才能把最大的伤痛化成正面的心力？温柔地活在当下即可。尝试回归生命最原始的被爱体验，那是母爱的温柔，用对待孩子的温柔，以此对待当下的自己，给自己片刻静默的温柔，爱抚自己的心，就在当下。当我们还是孩童时，没有体会到原初母爱，也没有关系。我们现在可以尝试自己给予自己母爱般的温柔和关怀，允许自己停留在当下，学习放过自己，允许自己专注于当下，不再苛刻自己；关注好自己的身体，关注生活细节；放慢脚步，让自己安心。温柔地活在当下，是化解一切困难和纠缠的力量，是自己随时可以给予自己的力量。

正念生活方式可以帮助自己获得内心的平静。个体平静有三个等级：第一层级是身体平静，最容易达到，并且马上有效，比如调整呼吸等；第二层级是内在平静，经由练习也可以做到，可通过控制注意力、消除杂念获得，比如冥想练习等；第三个层级是价值平静，就是跟随自己内心幸福生活的样子，投入当下的生活中，这一层级似乎是最难的。但是，我们也不用刻意消灭欲望，学习正念生活方式，可帮助我们同时获得三个等级的内心平静。随着正念生活的深入和持续，内心平静成为你的生活常态，自然就获得了幸福体验，幸福生活自然就开始了。

正念生活是活在当下，每一刻的活在当下都是自我主动选择的生活方式，并经由活在当下获得最高频的心流体验，从而最大化幸福感受。正念生活是只有益处无坏处的生活可选择项，请一定将它写进幸福生活魔法书中，并日日践行它。

觉察练习：

1. 生活中开展正念生活方式，比如正念走路。

2. 记录正念生活笔记，将一天中的正念生活内容、感受和行动记录下来，比如 10 分钟冥想练习。

四、幸福的终极秘密是自我接纳

注意力是个体的稀缺资源，它专注在哪里，哪里就会“长大”。你关注积极体验，幸福感会“长大”，你关注消极体验，抑郁情绪会“长大”。如果你关注自己的生活局限和自我不足，那么幸福体验永远不会到来。

注意力专注幸福体验的前提是选择幸福，并笃信“我值得幸福”这一幸福信念。而“我值得幸福”是自我接纳才能够拥有的幸福信念。一个人只有接纳自己的全部，才能有足够精力和心灵空间去盛装幸福。

自我接纳能力决定了注意力专注的方向和程度。

个体觉察幸福体验的频率和深度取决于个体自我接纳的程度，自我接纳程度高，其注意力会高比例专注地投向积极体验；自我接纳程度低，个体会较多关注自身的弱点和消极情绪体验。自我接纳是一种心理能力，可以通过心理练习和自我成长来提升。

个体幸福信念与接纳力互相影响，其中认知信念决定了自我接纳程度，自我接纳程度又影响幸福信念的建立。个体接纳力与基因特质和成长经历都有关系，典型外向型性格特质的人敢于冒险和探索，健谈，且愿意主动与世界建立连接；典型内向型性格特质的人善于思考和谨慎认真，喜欢自我探索和自我解决问题。两种性格特质各有特点，没有哪一方更好或更差。不论是哪种性格特质，幸福体验都与自我接纳程度直接相关。

自我接纳意味着接受自己不喜欢的那一部分自我，或者以“创伤”形式存在的心理模式，而这一切，我们都应允许这些特质存在，也允许自己和这些特质在一起，也可以带着这些特质一起置身幸福生活中。实现幸福生活是一条提升自我接纳能力的道路，那些写在你“幸福生活魔法书”中的幸福内容一直在变化，在不停的迭代中，因为世界和自我都在不停的变化之中，而自我接纳能力就是在变化中寻找并实现内心想要的幸福生活的重要心理能力。

“人生十二力”里“自我力”中的第二个关系力是接纳力，关于“我如何看待世界”的认知信念，决定了个体对世界的解读方式，包括个体认为世界是充满了机会还是陷阱，认为世界是善意的还是苛刻的等信念内容。“接纳力”来源于“核心力”，是内在心理模式向外部世界的投射。生活中，你可能遭遇到不顺利、不公平和不如意的事，这些是自己内心状态的外部投射和呈现。这是因为自我接纳与童年期形成的基本信任感紧密相关，孩子和主要养育者之间建立了基本信任感之后，孩子能够愉快地接受这个世界，并认为世界对自己是接纳的，于是孩子自我接纳的基本认知信念力量就建立起来了，愿意主动与世界建立正向连接，有机会获得幸福体验。

学习自我接纳，可以直接从身体练习开始，也可以从提升“核心力”开始。当“核心力”开始发生变化，自己解读世界视角也会发生变化，“接纳力”自然就改变了。反之，“接纳力”是我们获得世界反馈的通道，是过滤器，选择能够增强“核心力”的世界反馈，屏蔽降低“核心力”韧性和弹性的外部信息，个体“核心力”就会得到改变和提升。

提升自我接纳意味着将内在心灵耗损降到最低，宝贵的注意力全部用于发展自己，实现幸福生活，那些用于平复内心矛盾的精力和能量自然就减少了。当个体带着全然自我接纳开始生活时，幸福体验就自然到来了，内心平静放松，专注当下的事情，幸福生活自然就开始了。

自我接纳可实现内心平静。

练习自我接纳这一幸福能力，内心平静将成为内心体验常态，幸福觉察能力也将得到进一步提升。事实上，只有内心平静，你才能够觉察到美好的存在，你才能够知道什么是真正的好，幸福生活才可以实现。同时，专注而投入地去做事情，内在平静、心力耗损最低，幸福体验强，自我接纳程度自然就提升了。

自我接纳获得内心平静，进而提升幸福体验，这是实现幸福生活的终极秘密。更重要的是，自我接纳帮助个体接受不可改变的事实，主动选择可以改变的生活，始终处于“价值平静”内心状态，从而保持个体总是在实现幸福生活的前进方向上。《认识自己 接纳自己》一书中写道：“你不是必须清楚地知道自己哪些方面是可以改变的，哪些方面无法改变，是自己必须接受的。你要把优先的时间和精力集中在那些能够改变的特性上，并在此基础上找到一条自我提升的最有效途径。”

自我接纳是给自己留出心灵空间，接纳自己的不足和局限，接纳自己的过去和现状。自我接纳是一种心理资源的节能状态，不再内部耗损和自我拧巴，而是将心力和精力用于发展自己和探索世界。自我接纳能力强的个体，允许自己的感受存在和自然流动，辨识自己的头脑想法和价值信念，对自己的行为选择和自我负责，在自我接纳中完成生活任务和实现人生意义。

然而，自我接纳很难，人常常跟自己较劲。特别是不顺利的时候，内心想要的生活秩序被打乱了，我们常常希望可以找到理由抹去挫败感，或者希望可以通过情绪力量恢复内在秩序和达成欲望。“凭什么”“为什么”“偏偏不”这些耗损自己的偏执信念，除了增加了内在耗损，偏离自我接纳，只会让你焦虑躁狂，并远离事实。自我接纳是变化的契机，接受现实、看清真相，将自己内心和现实连通起来，有什么资源就做什么事，能做什么就去行动，一步一步稳扎稳打，从负面消极情绪感受走向内心平静。

提升自我接纳能力的第一步，是学习区分“自我”和“我做的事情”。“我做的事情”没做成或者没做好，不是“自我”不好，仅仅局限于这一事实或这一事件，而自我依然稳稳，核心自信依然坚固，意味着允许客观事实发生，以及放下想要控制无常变化的内心欲望。自我接纳能力决定了个体能够在多大程度上看到、接受真实的自己，以及有多大心灵空间和意愿去发展与世界的关系。自我接纳能量足的个体拥有清晰的边界意识，可以区分“自我”和“我做的事情”，给心灵留出空间来接纳不顺利、不可改变的部分。当事情不顺利时，不会将“我做的事情”不顺利评判延伸至“自我”。同时，在面对成长不顺利时，允许自己不改变，停留在当下，跟随自己的感受去理解自己，帮助自己保持和恢复内心平静，修整自己，整装待发，再次起航。

练习自我接纳，要注意体会接纳和接受的区别。接纳是积极主动地接受，允许事实存在，允许不可改变的部分存在，是个体的主动选择。练习自我接纳需要个体积极主动去体验，学习接受事实，学习区分“自我”和“我做的事情”，以此降低内在耗损。自我接纳能力可以通过学习获得，且在生活中不断去实践、去练习，直至成为习惯。接受是个体的偏被动行为，忽略主动选择，忽视主观意愿，甚至也会存在违背自我意愿的情况下被迫接纳的可能性。

自我接纳的人对自我的认知更深入，能够确认自己的感受，并为行为选择负责，能够与自我信念达成融洽关系，特别是在关系冲突中，能够支持和维护自己的观点。自我接纳能力越强的个体，幸福体验越强，核心自信越强，在关系中越会被善待，从而获得越多的价值回馈。这是因为自我接纳的个体拥有“我值得幸福”的幸福信念，并允许自己充分体验幸福，不轻易否定自己，允许自己去探索世界和发展自己，尽管自我存在不足，个体依然可以带着这些特质投入幸福体验中，实现幸福生活。

自我接纳是个体获得幸福体验的重要觉察能力，这一能力使个体做事的过程变得更具动力。你会觉得自己有底气，有干劲，有期望，有美好，能够按照自己的意愿去做点什么，这是一种来自内在的生活蓬勃之力。

生活的过程充满干劲，生活的结果会差吗？当然不会，做事的过程本身就是幸福体验。学习自我接纳是漫长的练习，好在开始不难，可以从练习呼吸开始。觉知自己的呼吸，跟随它，慢慢进入有意识觉察呼吸的过程中。这个过程就是自我接纳，不改变、不调整，与真实的自己在一起，内心想要的幸福生活也就开始了。

觉察练习：

1. 觉察和感受自己，尽可能地写下自己的优点和缺点：

____。

2. 带着觉察去看练习 1 中的内容，分析哪些是你不能接受自己的内容，哪些是你欣赏的内容，分别写出 3 个：

____。

3. 带着觉察看练习 2 中的内容，请记录下来你的想法和感受：

____。

本章小结（见图 6-1）：

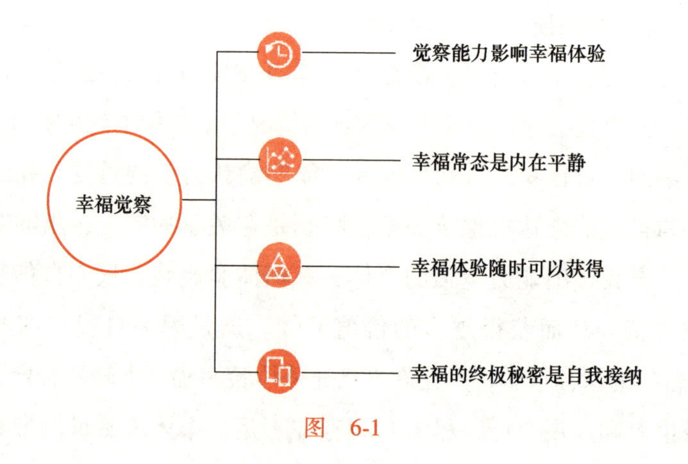

图 6-1

第七章

实施幸福行动

一切变化始于行动。在幸福生活的“实现三步”中，实现幸福生活始于幸福行动，而迭代幸福信念和提升幸福觉察，都是幸福行动。当你在幸福生活魔法书中写下自己想要的幸福生活时，幸福行动就开始了。

一、两种方式，开始幸福体验

幸福生活是主动选择活成自己想要的生活的样子。找到并实现幸福生活有两种方式：一种是“知道自己想要什么”的寻找法，在自己喜欢、擅长的领域，通过价值交换体系的构建、时间分配方式的转换和人生十二力关系升级，实现幸福生活；另一种是“不知道自己想要什么”的试错法，不断尝试、小幅试错，在尽可能短的时间内获得反馈、及时调整，在试错中找到通向幸福生活的路径，实现它，见图 7-1。

幸福生活的两种实现方法

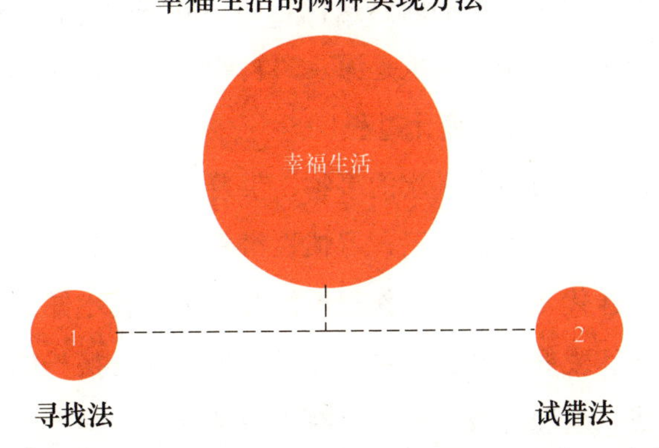

图 7-1

寻找法是不断确认幸福生活内容的过程。

深入了解和重构“自我认知”幸福信念的过程是走向幸福生活“寻找法”的核心，我们可以经由幸福觉察，找到自己喜欢和擅长的事物，实施幸福行动“去做”，调整自己的时间分配方式，升级“人生十二力”，同时构建自己的“时间产品”和“时间系统”，在“你拥有的”时间、“你构建的”关系、“你影响的”财富的“幸福三元素”中，不断迭代幸福内容，直至确认心中想要的幸福生活的模样。

个体自我认知信念体系包括我如何看自己、如何解读世界，以及以何种方式与世界建立连接等认知信念内容。“自我认知”的五层宝塔清晰表明了构建“自我认知”的五个层级，从“真实体验”层到“核心自信”层的五个层级按照从现实到头脑、再到心理模式的顺序，帮助你深入自我认知信念体系。带着觉察去生活，是“自我认知”的开始，从“真实体验”开始，逐一深入自我信念体系中，直到重构“核心自信”，允许并相信自己可以实现幸福生活。

带着觉察去生活，并不意味着“自我”要天天沉浸在情绪和头脑思考里，相反，头脑意识要带领“自我”走到现实中，主动选择自己想要的幸福生活体验，构建并迭代“选择幸福信念”，增强核心自信。内心想要的幸福生活可能来自内心被压抑的原始欲望，也可能来自在寻找过程中的幸福生活内容重建。

总之，自己内心想要的幸福生活一定可以带给你当下的心流体验和对未来幸福的期待。这些情绪体验会被幸福觉察一一捕捉到，你会在不断确认中找到自己想要的幸福生活样子。幸福内容迭代是动态调整的过程，这一过程都将一一记录在“幸福魔法书”中，这也是深入“自我认知”的过程记录，你可以看到真实的自己以及自我认知的变化过程。

寻找法的起点是找到心中喜欢的事物，带着幸福觉察去观察自己是自我认知的第一步，一旦你开始观察自己，习惯性潜意识信念就有机会显现，你就可以实施幸福行动，迭代幸福信念。你很可能会认为，我不知道自己的兴趣在哪里，或我没有兴趣和爱好。没有关系，你可以先从自己擅长的事情开始，从熟悉的事情开始，找乐趣和心流。确实存在以下情况：不是有兴趣才能做好，而是做好了才有兴趣。不管是从喜欢的事情开始，还是从擅长的事情开始，总之我们要带着觉察去生活，找到自己置身积极体验感觉的事情和方向。

要想“带着觉察去生活”，去寻找并实现幸福生活，你可以这么做：

1. 常常有意识地观察自己，带着“第三者”的视角观察自己。

2. 当积极情绪体验出现时，比如高兴时，停一下，问自己为什么高兴，或此刻头脑中的想法是什么，3~5 秒即可。

3. 当消极情绪体验出现时，比如悲伤时，停一下，问自己为什么悲伤，或此刻头脑中的想法是什么，3~5 秒即可。

4. 不知道干什么的时候，请选择多读书和运动，身体会产生多巴胺，刺激大脑神经系统，将此标注为“我喜欢的事情”，将读书和运动带给你积极情绪体验的生活内容加入幸福生活清单中，你可以以此为起点，去尝试其他生活体验，找到自己喜欢的事物。

5. 每天记录认知笔记。

带着觉察去生活，观察自己的感受和信念，你慢慢就会找到滋养自己心灵的领域和方向，那就是幸福生活的起点。比如，我喜欢读书和写作，经常在家中学习和工作。女儿会问我，“妈妈你会累吗?”我说，“学习和工作可以给我很多乐趣。对我来说，最好的状态是学习和工作融为一体，我很难去区分哪些部分是我在工作，哪些部分是我在学习，因为我乐在其中了”。

去做你喜欢的那些事情，去做你投入精力而不知疲劳的那些事情，去做你投入精力、希望更沉浸的那些事情。这些事情，就是滋养你的事情，赚钱就是顺手的事了，钱不再会成为你去寻找幸福生活路上的拦路虎，金钱成为心灵滋养的副产品。很多成功的女性，在结婚生子以后会重返职场，她们一般都会说“复出”，意味着要重新沉浸于之前给自己带来干劲、带来成就感的领域，继续深耕细作。如果你能找到带给自己奋斗动力的那些事情，沉浸在里面，幸福生活就是从心流当下开始的。

随着幸福生活开启，生活中的小心流体验会高频率出现，不断滋养着核心自信。当你有了“我干什么，都能干成”的幸福信念后，会发现自己内心可以静下来了。静下心来，就可以去找到自己的人生使命和天赋方向了，反正“我干什么，都能干成”，也不用着急了呀，慢慢去做，沉浸在其中就对了。沉浸在生活中，去寻找自己想要的方向，做自己喜欢且擅长的事，同时对别人有价值。找到这个方向，再去行动，一点也不迟，反而因为精准，幸福生活更有效率。

试错法是不断尝试探索生活的过程。

实现幸福生活的试错法也是排除法，从真实体验开始，不断尝试、获得反馈后，主动放弃自己不想要的那些生活内容，在迭代中找到幸福生活。在试错过程中，失败是必然存在的，学习接纳真实失败的体验，才可以从失败中获益、从失败中总结，用创意的方式来开拓新的生活领域。要学习做聪明的失败者，通过失败，了解什么事情能让自己开心，什么事情值得用毕生去追求，什么是人生意义，什么是不能碰的生活雷区。聪明的失败者不会畏惧不前，不会一蹶不振，而是继续抓住在远处的机会，能够在尝试、探索中找到机遇。失败，是试错后的反馈。

但是，很多人害怕失败的体验。有意思的是，你越害怕失败，失败就会越找上你。在自我信念体系中，不相信自己能成功，潜意识里有些小小的声音"我不值得""我不够好"就会蹦出来。带着怀疑，怎会成功？更要命的是，很多人几乎从不去感受成功。要知道大脑神经系统很有意思，它无法分清楚哪些是真实发生的事，哪些是思维想象素材，你从不去设想和感受成功体验，大脑会对"成功"不熟悉，大脑很懒，它优先处理熟悉的内容，你的成功感受越多，大脑对成功的识别就越多，成功的体验就跟滚雪球一样，越来越多。

选择幸福，并不是停留原地就可以开启幸福生活了，大多数情况下，开始寻找幸福生活的人们并不知道自己想要什么生活，因为我们习惯于被给予，习惯于跟随他人，习惯于被动生活，此时试错是寻找幸福和实现幸福生活的有效方式。不要害怕试错。试错，才知道哪里是坑，试过才知道实现幸福生活的路在哪里。

找到并实现幸福生活的秘诀不是做出正确的选择，而是学会如何选择。学会"如何选择"必然是在多次行动和试错当中获得的经验和能力。去尝试、去体验、去寻找之后，你才知道该选择什么、如何选择，才能够实现幸福生活。在这个过程中，也许你会发现原来自己想象中的幸福生活和当下真正的幸福体验完全不是一回事，这都是正常的。

如果你已经拥有了内心喜欢的方向，那继续去做就好了，幸福生活就此开始了。如果你没有方向，试着去找到方向，沉浸在其中就好了。我常常被问到，“你是怎么做到坚持看书、坚持健身的?”我回答，“我不是坚持，是喜欢。”因为喜欢，就不存在坚持的说法了。喜欢是向往，主动去做。可事实是，我也是从迷茫走过来的，从迷茫开始，不断尝试找到喜欢的事，沉浸在其中，不断获得心流体验，渐渐就成为习惯了。同时，因为方向正确，时间复利效应发挥了作用，将“沉浸”升级为了“习惯”，心流当下的幸福生活就开始了。

对于幸福生活的选择，不过是两个“顺”字：向内，顺心而行；向外，顺势而为。顺心而为，向心而选，你敢不敢。你不敢，就憋屈；你不选，就后悔。选择，顺应内心欢喜的方向，起码你收获了喜欢的事。顺心而选，是幸福生活的起点；顺势而为，是幸福生活的未来。顺势而为，是跟随世界发展的趋势，乘风而行，坐势而起。持续勤奋学习，不断学习榜样，拓展自己视野，找到那个顺势而为的风向，轻轻起跳，重重落下自己人生的一笔。

幸福行动：

1. 在实现幸福生活过程中，可以通过寻找法，进一步确定哪些是幸福生活内容，并记录下来。

____。

2. 在实现幸福生活过程中，通过试错法，进一步确定哪些不是幸福生活内容，并记录下来：

____。

二、谨慎挑选，环境影响幸福

环境塑造人的力量强大到让我们无法对抗，因为身在其中，个体根本无法觉察到环境在影响和塑造自己。既然无法觉察到，如何改变呢？人类个体对环境的控制来自心之所向，主动选择幸福生活方向，进而改变或塑造自己的环境，就能实现幸福生活。

班杜拉说：“对生活环境进行控制的努力几乎渗透于人一生的所有行为之

中，人越能够对生活中的有关事件施加影响，就越能够将自己按照自己喜爱的那样进行塑造。相反，不能对事件施加影响会对生活造成不利的影响，它将滋生忧惧、冷漠和绝望。”幸福体验是个体与世界和环境连接后的积极体验，实现幸福生活需要慎重挑选生活环境，包括物理环境和人文环境。

家庭环境塑造个体认知习惯。

原生家庭和重要养育者是个体信念的成长环境，个体潜意识领域的认知信念，在原生家庭环境中被动习得，以家庭认知“潜规则”方式代代相传。个体“原装幸福信念”基本都来自原生家庭或重要养育者，通过环境的力量传递给个体，植入个体潜意识精神领域，成为家庭幸福信念的“潜规则”。

事实上，每个家庭里都有一些潜在规则是家庭成员默认去遵守的，或者大家都将这些规则认定为家庭“习惯”而不明说，而且大家都知道哪些行为是不被允许的，哪些行为是被家庭推崇的，更重要的是，大家知道如何去遵守潜规则，或尽量不去碰触规则底线。这些潜规则就在家庭环境中一代又一代传递，成为个体认知习惯，包括幸福信念。

具有积极意义的家庭认知“潜规则”，在某种意义上可以约束家庭成员的行为达成和谐一致，使家庭形成凝聚力和个体发展的环境动力，比如孝顺老人、积极沟通等。这些具有积极意义的家庭潜规则形成了促进个体发展的环境，帮助个体形成具有积极倾向的性格特征。积极意义“潜规则”中的“原装幸福信念”帮助个体建立“我值得幸福”的“我信念”，增强选择幸福的核心自信，实现内心想要的幸福生活。

具有消极意义的家庭认知“潜规则”在某种程度上也可以形成家庭成员的一致行为，但很难形成信念动力，而且会形成家庭成员之间的能量消耗和消极感受，比如不允许跟随自己的意愿去选择等，这也能解释“幸福的家庭都一样，而不幸的家庭各有各的不幸。”但是，原生家庭环境中形成的消极倾向心理模式难以将这一潜规则长久地“传承”下去，势必会出现这一潜规则的“反叛者”来打破潜规则的轮回，毕竟具有积极意义的人生才更有发展动力和生命活力。那些不允许生命个体跟随内心去选择幸福的家庭“潜规则”，势必要被注重个人成长的个体打碎。

挑选社会环境是个体内在心理模式的外部投射，同样，挑选社会环境也可以反向帮助个体修正幸福信念。比如，你常常从别人的眼中看到对他人对自己的负向评判，这是自己不自信的外部投射，另一方面你继续从外部寻找“证据”，一部分想要证明“我是好的”的外部“证据”，一部分继续搜寻“我不够好”的“证据”，通常情况下你会更关注“我不够好”的“证据”，因为你已经习惯了这种认知方式，自信心被进一步打击。

如果你能够带着觉察有意识地去挑选环境，选择给你带来正向反馈的发展环境和社会关系，就能获得心灵资源和增强核心自信，从而迭代“选择幸福信念”，获得幸福体验。如果你暂时无法做出选择，或选择空间不大，可以尝试筑起心理边界，提升幸福觉察能力，不断提醒自己：“他是他，我是我，他对我的评判，并不是真实的我。

你也可以实施幸福行动，建立“重新开始”的心理寓意。如果经济条件允许，你可以选择脱离习惯性环境到另外一个生活空间中，去尝试“重新开始”，这是一种心灵暗示，在新的环境中，可以重新寻找真实的自己。如果目前没有条件去新的生活空间里“重新开始”，你可以选择建立一种等待的心灵状态——停留在原地，不去反思过去，也不期待未来，就是静静地投入到当下的生活里。如此刻意投入生活一段时间，相当于制造了心灵留白空间，为下一步“重新开始”做好心灵准备。

有时候，幸福行动也可以是不行动，不行动的大智慧就在于允许心灵停留在当下，对现状全然接纳。在没有过往的羁绊和未来的压力下，内心想要的生命动力很快会浮出水面。你需要做的就是给出心灵空间，静待花开，幸福生活会慢慢实现。

实现幸福生活也是塑造幸福环境。

环境选择是内心向外部世界的投射。张沛超老师在《我的内在无穷大》一书中写道：“我们的内心以投射的方式看待世界，我们会用投射加工这个世界，让世界看起来是我们熟悉的样子。我们对人的感知非常容易受投射机制的影响，无法真正看到人和事物的真实面目。”同样，你此刻的生活环境就是内心投射，你选择的伴侣、你的工作环境、你的朋友类型、你的理财方式等等这些生活组成部分都是你头脑中认知信念的外部投射。你想要的幸福生活一定来自你的幸福信念，你的幸福生活需要你谨慎挑选环境，给心灵以滋养，实现幸福生活。

事实上，人无法选择自己认知以外的生活方式。因为不知道，所以无法选择。你周围朋友都过着这样的生活，你认为大家都是一样的。看，环境不仅塑造着你，还在限制个体的发展格局和思维视野。你不知道的那些生活方式和幸福生活内容，不一定不适合你，你也没有机会去尝试，因为你根本不知道它的存在，也没有机会去接触和尝试，这是最无奈的部分。

起初，人受到环境的影响，塑造了自己的认知信念和行动模式。当人的内在心理模式和思维方式形成习惯后，人就开始选择环境了，比如选择和自己投脾气的朋友，选择自己感觉有安全感的工作等。当周围的人和环境都是你根据认知习惯挑选出来的，你就会出现一个很重大的"环境误区"，你会认为自己挑选的一切就是真实生活本身。比如，你是上班族，周围的朋友和同事也是上班族，你会认为上班是"唯一"的获取金钱的方式。而来自于"环境误区"的认知误差就进一步限定了你的思维方式。如果你能够理解并接受以上的内容，就意味着你有机会带着觉察去跳出你的"环境误区"，去拓展你的幸福思维和行动选择，也就有机会获得全新的幸福体验。

怎么破"环境误区"？觉察和审视你现在的生活环境，以及你周围朋友和同事的生活状态，并进行分类。尝试去接触和了解与你和周围人不同的生活状态，哪种方式都可以，尽可能多地去寻找不同的类型，与你习惯的生活方式分类之后放在一起。你会得到很直观的信念冲击，就是你还可以有其他的生活选择。对比后，如果你依然选择目前的生活方式，那我可以确定你的幸福体验感会提升。如果你常常在一种生活状态里，并经常感觉到负向情绪，那你有很大的可能性，就是生活在自己思维习惯构建的"环境误差"中，而你对此并不自知。

在对30岁以上已婚女性的心理咨询中，心理冲突中，很高比例的是由职业发展和家庭生活的不平衡引发的。这些优秀女性从小被植入潜意识的"幸福生活"样子：一个高学历，一份稳定的工作，适龄结婚，上班下班，周末休息，过几年生孩子、养孩子，每日循环，直到退休。

有的人20年在同一个岗位或同一家公司上班，一切看起来都那么"幸福"，因为都是按照自己被植入的"幸福生活"样子来生活的，但是自己就是感觉不幸福、很苦闷，也不知道为什么，而且常常被周围的人误解“不知足”，自己有些烦闷，生自己的气，“这么好的生活，怎么就是感觉不到幸福呢?”

生活中，如果感觉自己“处处碰壁”，可能有两种情况：错配了环境，或错配了心力。错配了环境是指你选择发展的环境跟自我发展方向不匹配，环境无法给你成长的信念动力和产生期待未来美好的自驱力，面对环境，你会感觉不被接纳，内心耗损。反之，即使环境艰难，但心中知道未来可期，你会充满希望、克服困难，勇敢前行。错配了心力是指你选择了消极的认知信念、思维方式和行动选择，相当于从内在给自己塑造了一个“心灵穹顶”，默默设置了“我不行”的自我信念，于是向外投射了“处处碰壁”的生活困境。

想实现幸福生活，你需要寻找与幸福生活内容匹配的发展环境，形成认知信念、社会环境和具体生活内容相互促进的发展动力。比如，我写作本书需要安静的环境、大量的时间以及非常放松的心理状态。为达成写作目标以及深度沉浸到写作心流里，我为自己挑选的写作环境是每天早上4~7点在家里书房完成写作，这是我为自己挑选的幸福生活环境。因为7点开始，我要开始做妈妈角色、工作角色以及其他社会角色。

“幸福生活”内容需要不断迭代，就是因为随着你的认知范围不断扩大，幸福体验不断丰富，而更重要的是你的社会生活环境发生了变化，你想要的幸福生活样子一定会发生变化。记住，环境塑造你，你也可以塑造环境。塑造幸福生活环境是实现幸福生活的重要幸福行动。

幸福行动：

1. 觉察你当下的生活环境，分别从物理环境和社会关系两个维度写下你的觉察内容：

____。

2. 你此刻的生活环境是否存在“环境误区”？如果有，请尝试尽可能多地搜集和整理你所知道和了解的其他生活环境或生活模式：

____。

3. 将自己“入戏”到幸福生活已经实现的心理状态，在幸福生活魔法书中写下与幸福生活内容匹配的发展环境的具体样子：

____。

三、淡化努力，幸福在心之所向的地方

人们大多会为试图“到达某处”而付出行动，以至于人们总是关注是否努力，而常常忽略达到目标过程中的内心体验。想要实现结果的行动努力实际上是一种错误的行为选择，因为努力常常是对当下现实的拒绝和不接纳。

只有经由对现实的接纳，才会发生真正的成长和改变。体验此刻和滋养当下，幸福生活的方向才会被内心发现。幸福生活无法在努力中实现，对努力的过分关注会覆盖实现过程中的幸福体验，幸福生活只能在内心平静和放松专注中实现。

不要努力去实现幸福生活。

什么是幸福生活，什么时候置身幸福，什么体验是幸福体验，你的感受会告诉你答案：只有将时间用在你喜欢的事情上，你才会有成就感；只有觉得有成就感，你才会点燃自己对生活的热情；只有点燃对生活的热情，你才可以去“努力”地实现幸福。《你想活出怎样的人生》一书中写道：“你必须多加珍视内心的感受和深受感动的事，不断思考它们的意义，永远不要忘记始终努力倾听内心真实的声音。”不要努力去实现幸福，但你可以“努力”倾听内心的声音和体验心灵的感受。

实际上，做喜欢和擅长的事，不需要努力，做的过程就是享受，结果是自然而然的“收获”。从自己喜欢的事开始，做生活中能给自己带来小心流的事情，关注和搜集生活中的积极感受，幸福生活就实现了。做喜欢的事，会让你更加放松和从容，即使没有结果，这个过程中你也收获了幸福。而做喜欢的事带来的积极感受体验是某项活动适合自己的信号，如果一项活动或工作让自己感觉到喜欢，就有继续深入去做的意义，这个意义就是积极感受，提示自己这就是幸福生活的方向。

努力，是提示错误的信号，心灵滋养才是幸福生活的正确方向。很多人非常努力地生活，勤奋、吃苦、积极、进取，即使遇到挫折和失败，在精进自己的路上也会默默给自己打气——“你要努力”。实际上，“努力”“坚持”等都

是暗示负面能量的词语。可以一起感受一下，当想到这两个词时，仅仅是想到，已经需要很大的能量去对抗它们带来的能量下沉。一般情况下，你的身体反应是深吸一口气、握紧拳头，狠跺几脚，点点头，告诉自己："咬紧牙关，再负重前行一段。"当你常常需要这样做的时候，你要注意了，这可能是提示自己"错误"的信号。特别是在实现幸福生活过程中，你需要"努力"去幸福时，千万要停下来，告诉自己这是提示"错误"的信号。幸福是心灵滋养过程中健康的积极体验，不是努力实现目标后的结果。

事实上，在你身感压力时，你很难发挥出正常的能力水平，更谈不上超水平发挥了，而超水平发挥和创造性发挥一定是在放松状态下实现的。此刻你要做的是让自己放松下来，给自己卸掉压力，让内心的能量流动起来，敞开自己，把对抗"努力"、对抗"坚持"的内在耗损停下来。对，请你停下来。本来一份心力就不足，还要分出去一半去平复内耗，太不划算了。

不去努力，难道就要躺着等待吗？说对了！对于想持续精进自己、优化生活的这一类极少数人来说，停一停，感受自己的心灵能量流动方向后再行动，比持续闷头、咬牙坚持去耗损自己更重要。躺赢，不是懒惰到啥都不干，是可以坦然接受生命的馈赠。不敢躺赢的人，内心不放松，且充满了不自信、不配得的认知信念，根本不相信自己可以获得生命中的美好。别说躺赢了，他们除了苦哈哈后的所得，让自己舒服一会儿，其余的生命馈赠完全不敢看一眼，完美错过了幸福体验和命运馈赠。注意，我这里讨论"努力""坚持""自律"的大前提是"如何实现幸福生活"，奸、懒、馋、滑等不在本书讨论范畴内。

努力去做，是外人看我们的样子。实际上，做自己喜欢、擅长并有能量流动的事情时，个体不仅不会耗损自己，反而是一种滋养，有了这种心灵滋养，自然就会投入和沉浸其中了。这种滋养，是创造幸福体验的土壤，会让个体做出非凡成就，实现心中想要的幸福生活。你的身体有答案，它不会欺骗你。

实现幸福生活从来都不是努力的结果，而是心之所向的结果。那些外人看起来是努力、坚持、自律的结果，对本人来说是万分滋养、自然流动、心之向往的事情。比如，我喜欢读书，我早上5点起来看书，如果我是靠努力和坚持，能坚持多久呢？与其内耗自己，不如停下来感受真实的自己。试试看，你也可以的；强迫做，就算了。如果实现幸福生活成为你努力的方向、自律的目标和坚持的对象，我建议你停一停，极大概率是你并不了解自己，你的幸福生活内容并不是来自真实的你。你需要停一停，允许自己停留在当下，等待与真实的自己相遇，等待幸福生活浮出内心深处。

对一直特别“努力”去做的朋友，我想说：我知道，你希望把每一件事情都完成得漂漂亮亮的，你也可以做到这一点。但是，人生最重要的一件事情，就是你需要明白如何做出明智的选择。你无法照顾到所有的事情，你不需要满足所有的人。你最重要的选择就是选择幸福，将获得幸福体验和提升幸福能力排在生活首位。你需要找出你想专注的事情或领域，并把时间和精力投入其中。如果你不喜欢一件事情、一份工作，并且你也知道你为它耗掉那么多的时间，你一直在“努力”和“坚持”，但也没有什么意义和性价比，那你不如考虑放弃或慢慢转换，把时间重新投到自己身上，做喜欢的事，慢慢去体验生活，在内心平静和放松专注中找到幸福生活的方向，渐渐沉浸在其中。

警惕，实现幸福生活中的三种无效努力！

努力到心累时，就是信号，提示你需要停一停。如果你做一件事，还没做就有点烦，此时还可以试试看。毕竟没有体验过实际的行动，“烦”可能源于过去的经验。试试看，也许喜欢呢。如果你持续做一件事，越做越心累，越做越需要更加努力，那要警惕了。这是一个止损信号，你需要停一停，你可能一直在做三种典型的“无效努力”。特别是在进行幸福生活具体内容时，你更要特别警惕。

第一种“无效努力”是改变别人。很多人用毕生精力去改变他人，结果就是关系崩塌。生命中各种关系的存在方式都与我们自己的内在心理模式和关系反馈方式有关，想让关系改变，就直接去改变自己好了，而改变他人往往是“无效努力”。那为什么绝大多数人还在为改变他人而前仆后继地努力着，这是因为他们相信“改变他人，就可以改变自己的处境”。改变他人成为改变自己的替代品，发出改变别人的行动多容易啊，动动嘴、动动手、指责、辱骂、控制就可以了，而且可以为自己开脱，找借口，看，这一切“都是别人的错”。

第二种“无效努力”是为了努力而努力。实际上，内心是害怕失败的结果，没有办法去接纳失败后果和承担责任，于是选择为努力而努力。内心会产生一种自我同情感，“看，我都这么努力了，没有成功，没达成目标，不是我的错。”为努力而努力，本质上是逃避责任。努力本身的目的是正确地达成目标和实现心中期待，而“为了努力去努力”容易忽略努力的方向和结果，自然就会失败。“为了努力而努力”常常成为很多人失败的直接原因，有时候，感觉自己太努力了，心累了，就停一停，躺赢不是不可能的，请坦然接受命运的馈赠。为了努力而努力，常常会使你偏离成功的轨道。

第三种“无效努力”是证明自己。很多成年人的内心没有完成独立自我的“心理分化”过程，依然在寻找关系“融合”，常常希望通过努力的方式证明自己，证明自己足够好，从而获得关系接纳。当你为了证明自己而努力的时候，你离独立自我就越来越远，因为你的证明标准是外在目标或他人期待，而不是内心所向。即使你成功地证明了自己，内心也不会获得自我认同，因为你的目的是“向外求”，获得关系“融合”，而非出自真实的自己，你无法获得自我确认感。

在实现幸福生活的过程中，与以上三种“无效努力”对应的有效努力分别是：成长自己、允许躺赢和走向独立。实际上，这三种有效努力不必刻意进行，让生活与之交互在一起，互相融合和促进。构建幸福信念，迭代“选择幸福信念”，就是在认知领域成长自己，学习提升幸福觉察能力，全然接纳自己和保持内在平静是构建允许自己躺赢的心理资源，而实现内心想要的幸福生活就是个体内心走向独立和完成“分化”的过程。

允许自己放松，允许自己此刻就幸福。

“你要多努力啊!”这是一句咒语，成功植入大多数人的头脑中。“不努力就不会成功”“不努力就不会幸福”，努力成为实现幸福生活的前提和幸福误区。实际上，努力是成功的表现形式，是对成功因素分析后的总结。

“努力不一定成功”，这句话没毛病，这是接纳心态；“不努力一定不成功”，这句话有点毛病，这是躁狂。凡是“一定”，必是自恋表达和自我禁锢（我用了“必”，这是我的自恋表现）。将“努力”设定为“成功”和实现幸福生活的前提时，相当于种下了一个信念误区：“不经历九九八十一难”，怎敢获得幸福，怎能坦然接受生命的馈赠，怎敢坦然投入幸福体验。这是一个预埋的雷，是内心“我不值得”自我信念的源起之一，是“我不值得幸福”的信念。

“努力”是一颗雷。当内心想获得或对成功充满向往时，这个“雷”就会启动，滋滋地烧起来。自己会绕过直接通达“想要”、直接获得“成功”的那条路，去选艰难的路。因为“九九八十一难”通关前的努力，是成功的前提啊。于是，自己总是不成功，因为真的太辛苦了，达到成功的路太苦了。“九九八十一难”都是给圣人准备的，我等凡人，没有获得、没有得到、没有努力，必然是不能获取成功的。这个“雷”，就这样炸掉了自我努力和自己的向往。在自己还没开始启动行动，这个雷就炸了。完了，什么也不想做了，自然什么也做不成。想要做成一件事情，怎么办？很简单，直接去做。在做的过程中，感受自己，找到自己热爱和擅长的事，乃至天赋。当热爱和天赋碰撞在一起时，会产生社会影响力和财富增长的量级效应。“努力是成功的前提”这个信念植入头脑后，当自己特别想做成一件事情时，会形成压力。努力是辛苦的过程，自己内心会想去逃避，需要花很大精力平复情绪，哪里有更多的精力看到事情本质。比如，我想通过写字来赚钱，那好，那我就提高我的写作能力，提高我的作品的内容质量，这样我才能够提升作品价值去换钱。如果我把“努力写”放在提升作品价值前面，真的没有办法写出好的文字，即使写出来，也不会有读者喜欢。写作是心灵放松状态下，跟真实自我连接后的思想输出，这样的内容才能连接到读者内心，这样的文字才可以触动读者情绪，获得读者的接纳和认可。

从当下允许自己放松，允许自己此刻就幸福，很多小小的幸福体验会随着时间推移而不断累积，美好体验不断在头脑内化，把经验转变为大脑中可持续的内在资源，是积极进行神经重塑，重复刺激大脑中的某一个神经回路，就是在不断强化它，大脑在经验中重构。大脑中的神经元通常在 1 秒钟内放电 5~50 次，通过每天多次运作和强化，你就可以利用 1 分钟或更少的时间来反复训练你的幸福能力和内化幸福感。

“成功”不是生活意义的必需品，就象“努力”不是“成功”的必需品一样。当你“努力”想获得“成功”时，不如放松自己，连接自己，我们终极一生的追求无非是自我认同。《人间值得》一书中写道：“如果不再因为担心自己做得不够好，而竭力使自己超越实际能力范围的话，那么你的真我就会更轻松、更快乐、更容易被接受。允许自己不再那么努力地想要成为大人物，而只体验自己的存在，那么也许我们会更快乐、放松一些。”

当你头脑中出现“努力成功”认知信念时，不如将它迭代为“允许幸福”。怎么迭代？先稳住神，深呼吸，不逃避“努力成功”这个信念，也不认同它。可以带着这个信念去做自己喜欢的事情，跟事情的本质连接。事实上，也可以什么都不做，允许自己放下努力，放松身体和紧绷的精神，也许久违的幸福体验就来了。

幸福行动：

1. 查看幸福生活内容，标识出需要“努力”去实现的幸福生活内容，并将其进行转换或调整：

____。

2. 查看幸福生活内容，标识出与三种无效努力对应的幸福生活内容，并将其进行转换或调整：

____。

3. 查看行动 1 和行动 2 中的幸福生活内容，标识出允许自己此刻放松并获得幸福体验的生活内容，请在今天尝试去实现幸福生活：

____。

四、不必自律，放松是幸福的土壤

作家格拉德威尔在《异类》一书中提到“一万小时定律”，认为“一万小时的锤炼是任何人从平凡变成世界级大师的必要条件”。自律常常被认定是达成“成功”的必要条件，你于是深吸一口气，“明天开始自律”，今天吃完大肉，明天开始运动，今天懒在沙发，明天开始读书。仿佛有了自律加持，成功已经在向你招手了。实际上，你误会了“一万小时定律”，获得幸福生活不需要等待那么久，实现幸福生活也不需要自律，放松才是幸福的土壤。

别再错配自律心理资源了。

“自律”常常被暗示成辛苦，人未动，心先苦。我是自律高手，但我根本不喜欢“自律”这个标签。我通过自律去学习，考上了重点大学经济学的研究生，但毕业十年后，我开始做喜欢的心理科普，我自律跑过北京马拉松，练了半年，天天打卡，高喊自律，安全完赛。跑完了就跑完了，再也没有第二次，因为我哮喘了，我的身体在抵抗我的自律，因为我用自律抵抗不喜欢，不喜欢就是不喜欢，身体知道。

实际上，每个人都有自律特质，不必刻意进行。自律是人存活的基础刚需和习惯特性，身体健康需要自律，三餐规律，定期运动，适量冒险，心情平和。也就是说，顺应人体自律特性，就可以保持健康。

但是，很多人错误地将自律作为实现幸福生活的路径和提前条件，他们认为：自律可以形成习惯，习惯了就喜欢了。自律常常被孤立出来用作形成习惯的手段和路径，但是往往忽视爱好和天赋因素。很多自律的事情进行不下去的原因就在于此，不喜欢就是不喜欢，习惯了也是不习惯，因为无法从这个过程中找到乐趣和感到放松，自律完全进行不下去，过程辛苦，也得不到想要的结果。即使短暂的结果出现了，也很难持续，毕竟痛苦的自律很难一直持续下去。

实现幸福生活不必从自律开始，直接找到并去做自己喜欢的事就好了，不必绕弯子，也不必辛苦地从自律开始。有些事情经由自律可能会变成喜欢，有些事情自律后也不会喜欢，何不从“喜欢”的领域开始自律呢？找到自己喜欢的事，发现自己的天赋，从喜欢和天赋入手，根本不需要自律。因为喜欢，自动就去做了；因为天赋，做起来省劲，自然就会多做。牛人呈现出来的自律特点，极大概率是人家的喜欢，而已。

拥有自律特质的人很幸运，因为自律是人生的重要资源储备，但是请不要乱用自律。请将自律用在喜欢和天赋领域，因为“自律的行为+喜欢和天赋领域=超级资源”。如果将一万小时用在自己喜欢和天赋的领域，自己就会以火箭的速度成长。与其辛苦自律，坚持一万小时，不如先找到喜欢的事和天赋所在，再做一万小时，使热爱成为自律的加速度。当别人在辛苦自律的时候，而你在自律的加速度上起飞。我自律跑马拉松，就一次成功；我自律学习心理学，日日沉浸，因为喜欢。同时，我发现了自己的写作天赋，挖掘了分享知识的潜力。这些自律成为我的超级资源，扩大了我的影响力，实现了我的幸福生活内容。

热爱不需要自律，热爱的行为会表现为自律，会被误识别为自律。自律的起点是因为不喜欢、不热爱，才需要自律加持。长期自律也会热爱做某件事，爱上了自律的自己，或者爱上了自律的感觉。也或许自律方向对了，从自律到了热爱。但，了解自己是自律的前提，从喜欢和天赋出发的自律，人生将走向“巅峰”，不要错配了宝贵的自律资源。给我 2 万小时，我也不会爱上打电子游戏，因为找不到乐趣。

何必逼着自己从自律到喜欢呢？直接去做自己喜欢的事就好了，直接去爱你的天赋就好了。《自信的力量》一书中写道：“不要错误理解一万小时定律，以为任何人只需要坚持练习一万小时就可以成为大师，你必须在练习中感到快乐，有所收获，在主观能动性的驱使下坚持下去，不断打磨技艺。”只有这样，一万小时的有效练习才可以获得想要的结果，同时一万小时的练习过程也会让人获得积极的体验。

没有觉察习惯的人会不知道自己喜欢什么，那就试试探索、体验一下，找到并投入自己喜欢的事。如果非要找到一个领域自律，那就在找到自己喜欢的事和实现幸福生活这条路上自律好了，自律在每天生活中进行幸福生活内容，自律构建幸福信念，自律提升幸福觉察和开展幸福行动就好。

人生的高级自律是放松。

实际上，人生幸福的核心不是努力，也不是自律，而是能够觉察到生活中的那些积极时刻。那些带给我们幸福感受的人、事情和情境，都是内心获得幸福体验的源头，人生的意义感、价值感和归属感都与自己内心的感受状态直接相关。想要获得幸福体验和实现幸福生活，绝不在于“为了努力而努力”，更不在于“为了自律而自律”，而是这两个字：放松。这也是心理学赋能人生幸福的精髓。

只有内心放松，个体才有机会觉察和捕捉到生命中的那些积极时刻，像宝贝一样珍藏起来，形成生活幸福的总体感受。年幼时，我们天然会放松，饿了想吃，困了要睡，想玩就玩会儿，想哭就哭会儿，总是可以在放松中连接内心需求，直接让自己满足。渐渐地，我们开始被告知要实现未来的某些目标，从当下就要开始努力和自律，我们有点紧张、有点无措，但是好像未来那些“目标”挺重要，因为我们从父母眼里看到了恐惧和焦虑。我们也不知道那是什么，在其他人恐惧中，也跟着紧张，把时间分割得“科学、有效、紧张”，唯独没有了放松的时间。大脑的镜像神经元不断收到周围恐惧、焦虑、不安和紧张的信号，终于，我们自己也开始紧张和恐惧，用努力和自律把自己裹得死死的，去准备应对未来的那个“目标”。

可那个“目标”居然是通过牺牲当下的生活体验才有可能实现。很多孩子迷茫了，过好当下的生活不就是“好生活”吗？当下就卸下焦虑、恐惧、紧张，放松下来，好好生活，如果当下放下因为恐惧产生的努力和因为焦虑产生的自律，那个“未来好生活”不就已经开始了吗？如果当下带着对未来的美好期待和允许当下就幸福的信念去学习和成长，不是更有效率的努力和自律吗？孩子会自带幸福节奏，我女儿放学回家，先玩一会儿，看自己喜欢的书，再去写作业，她说要先做自己喜欢的事，再去完成应该做的事，这样她感觉良好。

学习是人体自带的操作系统，模仿是大脑的基础功能，所以“学习”不应学习。“学习”是掌握技能、服务生活的手段，不是生活本身。“学习”来自在内驱力，不是恐惧，更不是焦虑。孩子在放松状态下，就可以找到学习节奏，听从内驱力召唤，完成学习。对于幼儿期和童年期孩子，玩是天性，是学习的手段之一。有智慧的家长会按照孩子的节奏让其完成学习任务，能够控制自己内心的恐惧和焦虑，帮助孩子挖掘自身自驱力，至少可以做到原地等待，不去干扰孩子自带的学习动力。

你们还会用当自己是孩子时就自带的这个身体功能——放松吗？你们多久没有真正地放松自己了？你敢彻底放松吗？我的心理科普方向就是帮助读者“学习放松”，学习瑜伽放松身体，练习冥想放松大脑，学习心理学放松人生。《幸福脑》一书中写道：“存储在大脑深层边缘系统部分的情绪记忆经验在某种程度上决定了我们心理状态的情绪基调，我们经历的稳定事件越多，就越容易感到愉快；反之，我们经历的创伤越多，也会更容易被推向消极的情绪状态中去，这些情绪性记忆直接影响我们对日常生活事件的情绪性评价。”学习放松，学习在生活中保持情绪稳定，进而建立积极情绪基调，你就会以积极的视角看待世界，幸福体验自然就会出现在生活中。其实，什么都没有改变，仅仅是你学会了放松，以及营造了积极情绪记忆基调，幸福体验就开始了。

我们应该放松地去做事，跟事物本质连接。要做成一件事情，去做还不够，要内心放松地去做。放松的时候，自己才能跟事情的本质发生连接，才能知道怎么才能更好地去做，直接通达成功。比如赚钱，大多数人嘴上说想要赚钱，喜欢赚钱，其实根本不是。嘴上说赚钱的人，其实心理给自己设定了限制“想要总不得”，才天天喊着赚钱。连接了赚钱这件事的人，已经开始在赚钱了。赚钱这件事的本质是价值交换，天天喊着赚钱，哪有时间和精力提升自己的价值呢？嘴上喊着赚钱，实际上没赚到钱，反而给了自己很大的负面压力和暗示，越发没法连接赚钱的本质了。精力和时间都消耗在内在的能量拧巴上了。

自律和努力的朋友们，不需要再自我激励了，请允许自己停下来。自律、努力和坚持，一定都不高级，人人都可以做到，人生的高级自律是放松，只有放松，你才可以连接真实的自己，找到内心想要的幸福生活。学习放松吧，放松是实现幸福生活的最佳心理能力，从你允许自己放松下来的那一刻，恐惧和焦虑就淡去了，内心恢复平静，幸福体验就开始了。

幸福行动：

1. 查看幸福生活内容，标识出需要“自律”去实现的幸福生活内容，并尝试按照喜欢和有天赋的方向进行转换或调整：

____。

2. 查看幸福生活内容，标识出帮助实现放松的幸福生活内容，如果没有，请增加此部分生活内容：

____。

五、贡献社会，幸福来自归属感和价值感

阿德勒在《幸福的勇气》中写道：“人生方向就是为共同体做贡献，带来价值感，在共同体中有归属感，能够存活下去。”归属感和价值感是个体存在于某一社会共同体中的两种幸福体验，个体能够在更多共同体中找到位置、获得接纳，并做出贡献，个体的幸福体验感高且稳定。

找到适合自己的共同体。

个体必然要置身在至少一个共同体中。阿德勒提出“共同体感觉”这一概念，指出“把别人当作伙伴，我们生活在伙伴中间，从中找到自己的‘位置’，还可以为伙伴们，也就是共同体，做着贡献，像这样把他人看作伙伴并能够从

中感到“自己有位置”的状态，就叫共同体感觉。”个体需要共同体归属感，这是人的社会属性必需品，共同体帮助个体建立社会关系，这是幸福生活三元素中的重要内容之一。

与生理功能一样，社会功能是个体生存和发展必须建立的社会关系，婴儿早期在家庭共同体中的被养育方式决定了婴儿的依恋风格，进而影响其内在心理模式的建立。婴儿在共同体归属感中感受到接纳、欢迎、被爱和关系积极回应，婴儿和重要养育者建立起安全型依恋关系。在幼儿期、童年期、青春期、青年期、中年期、老年期，个体一生都在构建各种各样社会关系，或主动或被动地归入某个共同体中，进行学习、工作、交友，以此存活下来和发展自己。

从幼儿期开始，孩子渐渐有建立家庭共同体以外社会关系的需求，3 岁左右的孩子开始有“找小朋友”一起玩耍的意愿，孩子开始离开家庭参加到各种社会共同体中，获得在共同体中的归属感和价值感。其中，最重要的共同体是学校，在这里，孩子开始自己真正意义上的社会交往，同龄人的关系互动对孩子发展社会化功能、构建社会关系和发展“共同体感觉”更加重要，学校这一重要的社会共同体对孩子社会功能发展的重要影响一直持续到青年早期。

青年期、中年期和老年前期的重要社会共同体是工作组织，这一时期是人生中最长的一个时间段，也是创造和实现人生使命、意义和幸福感的巅峰阶段，工作组织共同体的选择和更换、归属感建立和价值感的获得，影响个体获得幸福体验和对生活质量的整体评价。无论在人生哪一个阶段，个体可以选择融入某个或者某些共同体，并在共同体中获得接纳，以及在共同体中获得成长，为个体带来幸福体验。

父母帮助孩子建立社会化功能是家庭养育中的重要内容之一。1979 年 1 月 6 日，法国儿童精神分析家、儿童心理学家、儿科医生弗朗索瓦兹·多尔多创办了全世界第一家“绿房子”父母儿童心理接待机构，面向所有从出生到 3 岁左右的幼儿及其父母开放，其宗旨是帮助儿童从出生开始即为今后的社会生活做好准备。

能够融入共同体，获得共同体长久接纳的方式就是为共同体做贡献，通过为共同体做贡献，个体也会获得归属感和价值感。人这一生都在追求社会共同体中的归属感和价值感，并以此发展自己。在与共同体互动的过程中，可能存在被拒绝的情况，可能存在无法融入或无法获得归属感的情况，也可能存在无法获得价值感的情况等，这些都没有关系，因为你还可以继续尝试去寻找其他共同体，在其他共同体中贡献自己。世界上有很多不同形式的共同体，你总是可以通过尝试和探索，找到适合你发展的共同体，获得归属感和价值感。

找到适合自己的共同体，将实现幸福生活和为共同体做贡献结合起来，幸福生活就开始了。阿德勒的共同体概念为我们提供了更广阔的视野和思维格局，因为世界上存在众多共同体，个体不应再为某一共同体排斥和不被接纳而攻击自我，转而去寻找志同道合和实现幸福生活的共同体就是了。这样，生活就可以在内心平静和心情放松中进行了。

贡献即幸福。

幸福是一种健康的积极体验，通过贡献他人就可以获得，贡献即幸福。马斯洛需求层次理论验证了这一点，当个体的安全需求和生存需求获得满足后，精神需求和自我实现就会成为个人开始追求的生活目标，个体只有通过对共同体做贡献，才可以获得归属感和价值感，继而获得较高的社会位置，个体会极大增强幸福体验感，自我实现的幸福生活内容自然就达成了。

个体天生就拥有幸福能力，可以主动选择先去尊重、信赖他人，先在共同体中付出和做贡献，获得积极体验，幸福生活就开始了。选择通过为共同体做贡献的方式获得幸福体验，你的生活会开始发生持久的变化，这是在实施幸福行动去构建“我是有价值的”“我是好的”和“我值得幸福”的幸福信念动力。想象一下，无论你的世界里发生了什么，你都能选择专注、放松、平静地为他人做贡献，是不是幸福体验随时就开始了呢？

获得共同体接纳和为共同体带来价值贡献是个体存在的人生意义之一。即使是婴儿，也为家庭共同体带来了价值，婴儿自身“存在就是意义”，一个新生命来到一个家庭，就是莫大的生命祝福和幸福体验。随着成长，个体安全和生存等物质需求得到满足后，会追求自我发展的精神的需求，如何获得共同体归属感和价值感，就成为生命的意义了。

如何在共同体中获得归属感和价值感？短平快的方式是提供“利他服务”，满足别人的需求，比如做志愿服务。最长久的方式是发展好自己，作为社会共同体中的一员，顾好自己、发展好自己、获得幸福体验，在关系中影响他人，这就是对共同体的重要贡献。比如，最容易贡献他人的方式就是工作，到社会上工作，劳动并不仅仅是赚取金钱的手段，体会到自己对他人有用，获得自己的存在价值，获得归属感和价值感。更重要的是，我们通过劳动参与共同体分工，创造社会产品，服务社会，贡献他人。

实际上，人类内心深处非常渴望从事有意义的工作，或者说工作是可以同时满足个体获得个人成就感、价值感和共同体贡献感的社会角色分工形式之一。对于成熟的个体而言，生活动力更多地源自对工作的兴趣以及由此带来的价值感。更重要的是，当个体能够在工作中获得价值感时，也可以获得自我提升，也意味着会将更多的热情投入工作和更有效的工作成果，这就是为共同体做贡献。同样，在社会生活中，自我实现的个体也会促进社会共同体进步，因为共同体的整体发展和提升是其中个体发展的综合体现。发展好自己，就是为共同体做贡献，实现幸福生活，就是为社会共同体实现幸福社会做贡献。

长久地获得共同体归属感和价值感的方式来自个体认知信念调整、感受体验变化和行动选择改变，这三个领域都可以尝试，也可以同时进行。为他人或共同体做贡献，并不是舍弃自我去为他人效劳，而是为了能够体会到自我价值而采取的幸福行动，这一幸福行动源自“我值得”的幸福信念。

这里有一条捷径可以选择，从“自我接纳”开始，尝试“信赖他人”，继而走向“贡献他人”。自我接纳意味着不去关注无法改变的内容，而是去关注可以改变的生活内容。如果在某一方面做不到自我接纳，就诚实地接受这个做不到的自己，不对自己撒谎。信赖他人是指在相信他人的时候，不附加任何条件，我们只有选择无条件地信赖他人，才能够构建更加深厚的关系，决定背不背叛的不是你，那是他人的选择，你只需要考虑自己该怎么做。而信赖他人、克服对背叛的恐惧感的勇气来自哪里呢？来自自我接纳。

请打开你的幸福生活魔法书，找到与共同体贡献有关系的幸福生活内容。此时，我可以肯定，你的幸福生活内容中肯定有某个或某些与共同体贡献的有关内容，“你拥有的”时间、“你构建的”关系和“你影响的”财富这三方面幸福生活内容背后的幸福目标都是长久融入某个或某些社会共同体后获得归属感和价值感。

幸福行动：

1. 查看幸福生活内容，标识出构建共同体的幸福生活内容，如果没有，请增加此部分生活内容：

______________________________。

2. 查看幸福生活内容，标识出贡献共同体的幸福生活内容，如果没有，请增加此部分生活内容：

______________________________。

本章小结（见图 7-2）：

实施幸福行动

01 两种方式，开始幸福体验 → 02 谨慎挑选，环境影响幸福 → 03 淡化努力，幸福在心之所向的地方 → 04 不必自律，放松是幸福的土壤 → 05 贡献社会，幸福来自归属感和价值感

图 7-2

第八章

此刻就可以幸福

实现幸福生活不需要等待，你想要什么样的生活体验，直接去体验就好了。你想要什么样的幸福感受，直接去体验幸福就是了。如果你想赚钱，就去找到赚钱的路径；如果你想恋爱，就勇敢寻找爱；如果你想陪伴孩子成长，专注跟孩子在一起的时间就好。实现幸福生活从来不需要等待，此刻当下就可以开始。

一、实现幸福生活的“万能公式”

获得幸福体验和实现幸福生活是个体统筹人生资源，投入不同生活领域后的生活总体体验和自我综合评价。在日常生活中，个体如何分配人生资源是幸福体验的核心内容，同时专注程度决定了幸福体验的深度和质量，实现幸福生活是个体主动选择的生活意义。

人生效能指数影响幸福生活体验。

抛开社会资源差异，个体之间的人生可投资源几乎完全相同，主要包括健康、时间和专注度三项。人生可投入的总资源可以简单理解为“时间×健康×专注度”，任何一项资源提高，都有助于个体总投入资源的倍数增加。

同样剔除社会资源差异，人生效能产出也几乎毫无差别，主要包括归属感、价值感和影响力这三个因数，人生总产出可以简单理解为“价值感×归属感×影响力”。当我们将“人生总产出”与“人生总资源”做简化数学计算，可以大致算出个体在某一时间过程的人生效能指数，这一指数与个体幸福体验紧密相关。

$$人生可投入总资源=时间\times健康\times专注度$$

$$人生可获得总产出=价值感\times归属感\times影响力$$

$$人生效能指数=\frac{人生可获得总产出}{人生可投入总资源}$$

人生效能指数影响个体幸福体验的获得和幸福生活的实现，人生效能指数高，幸福体验强；人生效能指数低，幸福体验弱。人生效能指数等式又可以称为实现幸福生活的“万能公式”。当然，影响人生效能指数的投入和产出因素有很多，相关之间有一定的关联和影响，此处内容对这些因素进行了简化整理，提炼出影响幸福生活实现的最核心因素，帮助我们深入理解幸福生活的实现过程。这是因为幸福不仅仅是一种健康的积极体验，更重要的是一种心理健康能力，实现幸福生活的过程就是个体综合调用各项人生资源的过程，展现了个体的幸福能力。

人生效能指数是过程性状态变量，三个人生可投入资源因数均为正数，人生可获得总产出的三个因素可能会出现负数的情况，表现为人生大大小小的挫折、打击和失落。然而放大人生的时间长度，同时综合考量时间投入管理、精神健康提升、专注度投入等人生可投入资源数量和比例的动态调整，人生那些曾经以为过不去的困难和挫折，比如失去恋人、考学失败等人身效能指数为负数的时刻，都会在个体整个人生效能曲线中被平滑掉，或者说“忽略不计”。

人生效能指数是实现幸福生活的“万能公式”，我们可以将能够带来幸福这种积极体验的人生资源因素进行拆解，时间、健康、专注度、价值感、归属感、影响力这六大要素就是实现幸福生活的重要资源。个体提升幸福能力，通过综合调用这六个要素的数量和调整比例，在当下就有机会获得幸福体验，在长久时间中实现幸福生活。

通过拆解和应用幸福生活“万能公式”，我们再来回答“什么是幸福”这一问题，会感觉简单明了。那么，幸福是什么？幸福是实现幸福生活的过程体验，是个体主动选择幸福、综合调整人生资源要素后获得的人生效能状态。幸福是过程状态，不是时点目标，我们与其将追求幸福作为人生目标，不如专注投入到实现幸福的过程中，这意味着当下就是幸福生活，随时可以获得幸福。此刻你想要获得幸福体验，通过调整人生要素投入数量，或者调增某个或某些要素的方式，就可以置身于幸福生活之中了。

下面介绍三种可投入的人生效能资源。

资源 1（时间）。请再次仔细观察人生效能指数，我们发现时间这一资源要素在人生效能指数公式的分母位置。在其他变量保持不变的情况下，时间投入越多，人生效能指数反而越低。这与你的常识性认知有些冲突，因为我们通常认为“时间放在哪里，哪里就有收获”。比如，我们会认为投入一万小时去提升一项技能或能力，就可以获得提升。但是，当我们将人生效能指数的其他因素同时考量进去，会出现不同的人生效能结果。假如投入一万小时之后，这项工作影响了健康，且让我们专注度不够，仅仅是时间累积的话，时间资源投入越来越多，人生效能产出效果反倒是少的。另外，假如将一万小时投入自己并不喜欢的方向，价值感反而随着时间的投入越来越低，而不仅不会增加产出，反而会降低幸福体验。时间是不可再生的人生资源，请谨慎分配，关于实现幸福生活的时间分配原则，建议参考第 3 章讲到的“时间分配的三个维度”。

资源 2（健康）。健康内涵包括生理健康和心理健康，随着安全和生存需要被满足后，个体更加关注心理健康领域。适量的健康投入，可以提高人生的效能产出，但是过量投入健康资源，甚至忽视健康的恶性透支，不仅会降低个人的价值感和归属感，反而会因为自己的不健康状态给人生带来消极影响和降低人生效能指数。身体不可能 24 小时不休息，身体自然规律会强迫我们休息，否则身体会启动自我保护，停止运作，生病就是身体的自我调整功能，强迫“主人”停下来。正念生活、冥想练习和表达性书写等生活方式，能够帮助个体提升身心健康程度，从而提升人生效能指数。

资源 3（专注度）。专注度就是注意力专一、持续地投在某一领域，如果注意力持续集中在有些小挑战领域，个体有机会产生心流感受，获得幸福体验。专注投入时，头脑信息碎片减少，头脑产生内心耗损的想象性信息减少，整个人感觉轻盈和内心放松。因此，平静地投入某一项工作，会给个体带来极强的价值感和归属感。个体头脑长时间专注会产生疲劳感，《深度工作》一书中写道：“深度工作时间最长在 3 个小时左右，90 分钟最佳。”长时间集中在某一领域的深度工作，大脑会疲劳，影响身体健康和价值感提升，个体可以尝试通过专注在不同的领域，让大脑区域轮换进行休息。在人生效能指数公式中，专注度时间并不是越长越好，关键依然在“适度”。如何适度，因人而异，你需要常常观察自己，深入了解自己的专注度适应状态和最佳时间长度，找到合适的“投入点”，最优化人生效能指数。

下面介绍三种可获得的人生效能产出。

产出1（归属感）。家庭是个体第一个社会关系建立的场景，个体被照顾、被关爱，有助于建立“我值得”的幸福信念。个体在家庭中活下来并获得发展，就是归属感的体现和结果。同时，因为个体拥有归属感，可以从自我信赖发展到信赖他人，构建人生十二种关系力。个体对某一群体的归属感越强，个体的安全感越强，内心的平静状态越容易得以实现并成为生活常态，从而带来更高频的个体积极体验。个体接纳力有助于提升个体归属感，接纳是放下抗争，不再跟事实对抗，放下无法选择的事情，主动选择有选择权的事情，在更大的社会共同体中找到归属感，选择幸福和实现幸福生活。

产出2（价值感）。价值感有两个指向，一个是指向自己，自我感觉到有价值，比如我完成本书写作，个人会有极强的价值感；另一个是指向他人，是否利他是衡量标准，即贡献社会。当我们能够将自我价值和利他价值统一的时候，会产生更高层次的价值感，这就是马斯洛需求中的自我实现。当自我价值与利他价值产生冲突时，如何选择是一个人内在信念的投射。例如，在家里弹乐器会产生极高的自我价值，个人会在琴声中感觉到自己能力的提升和价值感。但如果常常在午夜弹琴，影响邻居休息，利他价值为负数，也会降低价值感和人生效能指数，从而影响幸福体验。面临选择时，选择自我价值感和利他价值重叠处作为行动起点为最佳。

产出3（影响力）。影响力表现为财富价值或意见领袖（KOL），影响力有正面影响力和负面影响力两种，金钱就是积极正向影响力在财富领域的数字呈现。很多想要赚钱的朋友将专注力放错了地方。想赚钱，不要专注金钱，金钱是结果，学习将注意力从关注金钱转移到关注影响力，关注那些可以带来积极正向的影响力的领域。比如，团购和电商的本质都是降低消费者的生活成本，为数量极大的个体生活提供了便利，实现了积极正向影响力的价值变现。幸福生活和金钱是好朋友，在投入时间、健康和专注度的领域，我们要收获价值感和归属感等积极体验，也要提升影响力和金钱的获得。幸福生活的实现建立在一定的经济基础上。

要注意，个体幸福感受无法比较，个体之间的人生效能指数同样无法比较和衡量。实际上，个体可以提高人生效能指数的变量，因为它具有极强的主观性。人生效能指数只具有纵向可比性，只能自己跟自己比，不具有横向比可比性，因此两个个体之间无法进行对比。就好比无法比较晒太阳的懒汉和工作勤奋到身体亚健康的成功人士之间的人生效能指数。实现幸福生活是个体自己的生活意义，一切幸福体验都是个体主动选择的结果，是投入人生可投入资源后的生活效能状态。

觉察笔记 23　调整人生效能因素

查看幸福生活内容，尝试调整六个人生效能因素，此刻就将自己置身于幸福生活中。

1. 增加投入因素和生活内容：

____。

2. 减少投入因素和生活内容：

____。

人生可投入总资源＝时间×健康×专注度

人生可获得总产出＝价值感×归属感×影响力

$$人生效能指数=\frac{人生可获得总产出}{人生可投入总资源}$$

二、给你实现幸福生活的三张地图

人人都值得拥有幸福生活，人人都可以实现幸福生活，你也可以的。下面给你实现幸福生活的三张地图，你可以现在就启航，去实现幸福生活。

第一张地图：幸福生活内容清单。

你的幸福生活蓝图一直都在，也一定在，它是你心中幸福生活的样子，它就在你内心某处等着你。如果你心底那个自我怀疑的小声音出现，阻拦你寻找和实现幸福生活，请尝试和它在一起，不必逃离。此刻的你，停一停，静下心来，尝试走进内心，带着自我怀疑的小声音，一起尝试找到自己心中幸福生活的样子。

第一步，如果你此刻还没有或不敢写下你的幸福生活内容清单，请在此刻静下心来，写下你心中向往的幸福生活样子。

如果你手中已经有了幸福生活内容清单，请在内心平静状态下逐条查看，确认清单内容是此刻自己心中想要的幸福生活。如果其中有需要调整的内容，请按照此时自己内心想要的幸福生活样子去更新。记住，幸福生活内容是动态幸福生活方向，需要随着自我成长定期复盘和更新，确保自己始终在实现幸福生活的道路上。如果你刚开始写幸福生活内容，请参考“拥有幸福魔法书”部分的文字内容，帮助你完成幸福生活具体内容。

第二步，请为幸福生活内容清单内容排序，无须深入思考，第一直觉就是最好的指引。再次按照幸福生活内容清单的排序逐一查看，一边看，一边觉察自己的感受和想法。

第三步，进一步做标记，将当下就可以实现的生活内容和未来实现的生活内容进行区分。接下来，你需要带着觉察和好奇的心态去内观自己，去觉察未来实现的幸福生活内容中，你希望自己获得的内心状态和生活体验是什么，比如未来实现财富自由的目标是希望获得安全感和选择权，尝试将标注未来的结果类目标生活内容转化为当下就可以获得的状态类目标生活内容，同时保留这一未来实现的结果类目标内容。

转化完毕后，你手里的幸福生活内容就是一份当下可以幸福、未来实现美好的幸福生活内容清单，这是你实现幸福生活的第一张地图。

第二张地图：风险清单。

寻找和实现幸福生活是从 0 到 1 的过程，在这一过程中，你会恐惧、担心和不自信，这些都是正常的内心状态。未知，令人恐惧；熟悉，让人心安。未知，实际上就是不熟悉。常常去翻看，时时去实现，定期去复盘，幸福生活也就从未知走向了熟悉。熟悉可通过时间的累积来实现。从未知走向熟悉，你就从恐惧渐渐获得平静了。

如果恐惧情绪不是来自事实问题，而是来自头脑想象，你需要做的是去接纳。带着觉察去生活，当恐惧感升腾时，你可以温柔地提醒自己这是我的优势基因，它是提醒保全自己的信号，给情绪贴上一个标签，接纳恐惧感的存在。如果恐惧情绪来自某一个问题，学习判断这一问题能不能被解决，如果不能解决，那么它就不是一个问题，它只是一种情况，一种环境，一种生活现实，学习接纳它，将它看成环境的一部分，继续去实现幸福生活。如果这个问题可以解决，我们就重新定义解决方案，寻找其他的可选择项和具体可行的解决方案。总之，可以把寻找和实现幸福生活过程中的恐惧转化为风险，而风险意味着可能发生或不发生，这样我们会更有信心选择幸福。

第一步，写出恐惧内容。请再次查看幸福生活内容清单，觉察自己的恐惧情绪，写出给自己带来恐惧感的具体内容，或者说将那些你担心会发生的事情或内容一条一条列出。

请查看你的“恐惧清单”，确保关于实现幸福生活的过程中自己恐惧的内容都已经全部写进了恐惧清单。你可以反复多次去确认，如果依然有恐惧感存在，请继续写出恐惧清单内容，直至你感觉到恐惧感减轻，且内心感觉到全部恐惧内容都已经写进了清单里，尽可能去穷尽恐惧内容。此刻，告诉自己“好了，我的恐惧都在这里，其他都是可以放心去做的事情了。”出现恐惧感时，可以反复练习以上内容，并配合呼吸和冥想方式进行调整，恢复内心平静。

恐惧源于未知。常常去查看恐惧清单也是熟悉的过程，渐渐地也就不会因为未知而恐惧了。慢慢地，你会将一些曾经恐惧的内容从清单中划掉。因为，它已经不再使自己感到恐惧了。就这样，在勇敢面对恐惧的过程中，恐惧自然消失了。也有可能会出现新的带给你恐惧感的具体内容，请你将它加入到实现幸福生活的“恐惧清单”中。与幸福生活内容清单一样，恐惧清单内容也是动态变化的。

在人生路上，我们要搞清楚带给我们恐惧感的问题究竟是一个不可解决的问题，还是一个需要付出很大努力或承担很大风险的问题。如果这一带来恐惧感的问题可以解决，我们通过恐惧清单、风险清单再到行动计划的方式，尝试重新定义和解决此类问题。最重要的是，我们要看到恐惧感背后的问题，即使来自现实中的真实问题，我们依然可以通过接纳来释放恐惧，获得恐惧转化为风险的机会，带着恐惧前行，重新启动生活，选择幸福和实现幸福生活。

将恐惧感中的内容逐一呈现，是把恐惧感具体化的过程。同时，将恐惧转化为风险，是从不确定向确定的转化，是从失控走向可控的过程。将内心恐惧感受转化为确定性内容，人类会更倾向选择，也敢于去实现。

应对恐惧感的方式不是摆脱，而是直面恐惧。通过觉察将恐惧内容明确，进而将恐惧内容分解为小的风险项，而风险是具体的、可辨识的、可评估的、可化解的，通过将恐惧转化为风险，给自己带来实现幸福生活的掌控感，这也是提升幸福能力的过程。

第二步，转化恐惧清单为风险清单。从最大恐惧程度的内容项开始，对“恐惧清单”中的每一条都进行从“恐惧”到“风险”的细化和拆分。之后，为每一项细小风险标出发生的概率。此时，你已将“恐惧清单”转变为“风险清单”。很可能你写着写着就会发现，某些恐惧内容根本不会发生，这些你认定已经“克服”了恐惧的内容就可以从“恐惧清单”中划去了。

“恐惧清单”是在实现幸福生活的过程中，带给自己恐惧感的事情。我们整理内心恐惧感时，就是在清除实现幸福生活的障碍。部分恐惧感有时候来自人类进化的恐惧优势基因，而不是真实的恐惧内容或具体问题。来自信念部分的恐惧感，个体可以通过迭代幸福信念减轻恐惧感；来自行动习惯的恐惧感，个体可以通过调整幸福行动来减轻恐惧感；来自客观现实的恐惧感，个体可以通过解决实际问题“消灭”恐惧感。

第三步，为恐惧清单增加“风险行动优化清单”内容。

将恐惧清单转化为风险清单后，优化风险是紧随其后的工作。优化风险意味着在风险中去成长自己，毕竟能力和成长才是实现幸福生活的最优安全策略和提升幸福能力的必经之路。真正的抗风险能力是人生的可选择权，保有多个选择权，在面临困境时才会有可能不惧怕。多试试、多练练、多聊聊、多做做，花开哪支更灿烂，试了才知道。人生发展的维度越多，选择路径越多，才能够不断迭代、接近人生效能指数的最优状态，要知道实现幸福生活是不断优化选择权的自然结果。

“风险行动优化清单”中的内容是降低风险发生或风险发生时的行动计划，是将“恐惧清单”转化为“风险清单”后，为最小风险项内容发生准备的行动计划预案。从风险清单中的最大风险概率内容开始，制订备用行动优化清单，包括减少风险发生的可能性行动，以及风险发生到何种程度必须采取的计划措施。从恐惧清单到风险清单，再到行动计划，将内心模糊的恐惧感变为一份可执行的抵御风险行动计划。此刻，“风险清单”成为你实现幸福生活的第二张地图，这其中含有“风险行动优化清单”内容，能帮助你扫除实现幸福生活的恐惧路障。

第三张地图：行动计划清单。

行动计划内容是帮助你找到实现幸福生活的路径，包括主动寻找法和试错寻找法。“知道自己想要”的主动寻找法，围绕自己喜欢、擅长的领域，通过价值交换体系的构建、时间分配方式的转换和人生十二力关系升级，实现幸福生活。“不知道自己想要”的试错寻找法，接纳自己的同时，允许自己不断尝试、小幅试错，在尽可能短的时间内获得反馈、及时调整，在试错中找到通向幸福生活的路径，并实现它。

无论是哪种实现方式的行动计划，在实施过程中，个体都会有迷茫的时刻，比如不知道自己擅长什么，不知道自己喜欢什么，不知道自己热爱什么，不知道自己沉淀了什么，更不知道自己想要什么等；不想梳理自己，不想觉察自己，索性沉溺在生活的强制轨道中，被生活推着前行。此时，应该允许自己停一停、歇一歇，接纳迷茫，接纳自己，帮助自己恢复内心平静，修整后再起航。记住，实现幸福生活的第一要事是内心平静。

有时候，我们也会出现行动焦虑情绪状态，非常想要成长，非常渴望进化，内心焦灼，却不知道成长的出路在哪里。焦虑情绪搅乱了内心平静，心能量耗损严重，仅仅能够盯着眼前看，也只盯着眼前看，生怕自己丢失了眼前的生活，却失去了看向未来的幸福能力和实现幸福生活的机会。

第一步，幸福生活行动计划的起点。幸福生活行动计划是一份从幸福生活的每日生活“点”开始的行动计划，这个点是幸福生活实现的开始，是改变的新起点，是成长变化的新开始，是按下生活重启键的第一步。

选择重启幸福生活的第一个点可以从分割时间模块开始，在你的生活时间比例中逐渐增加幸福生活内容部分，可以从人生十二关系力开始，按照人生十二关系力自查评估内容开始调整社会关系投入，也可以从幸福生活蓝图中价值交换体系的构建开始，从将喜欢、擅长的点开始，探究做成时间产品之路，逐渐形成时间系统。在实施“幸福生活行动计划”的过程中，始终带着幸福觉察去观察自己内心感受的变化，内心平静，专注当下，心生喜悦，幸福生活自然就开始了。

第二步，幸福生活每日行动计划清单。“幸福生活行动计划”同样是动态调整的生活内容，围绕时间切割和时间模块展开，因为一切行动和改变都需要时间保证。在行动计划实施中，以幸福生活内容为行动计划实施方向，更体现在每日生活的具体时间安排中。

每日生活时间安排是确保在当下就可以实现幸福生活的核心行动计划内容。因此，你需要在幸福生活魔法书中做好每日生活的时间计划安排，以确保每一天自己都在“幸福生活”中。比如，我每日的工作计划中一定有写作的部分，这是我的心流时间，而且我也不必等到未来成为作家再去规律写作，写作本身就是每天的幸福生活。

第三步，幸福生活阶段性计划清单。幸福生活内容需要定期复盘和调整，行动计划同样如此，使得幸福生活内容和行动计划之间始终保持一致。幸福生活内容中的结果性目标和当下无法达成的状态类目标，都需要时间来达成，是一段时间后可以实现的幸福生活内容。

这些幸福生活内容需要设置阶段性计划，时间不必太长，可以按照总体完成时间和每日计划平均量这两个指标内容综合设定阶段性行动计划清单。比如，我写作本书，计划 3 个月完成初稿，共计 12 万字，拆开计划，每个月需要完成 4 万字，进而拆解到每一天是 1500 ~ 2000 字，这样，行动计划就具有阶段性和可实施性，做起来舒适，且每日有心流体验和成就感。

你可以将每一个结果性目标拆解为阶段性计划清单，然后在幸福生活魔法书中写入每日行动计划清单中，这样确保你每天都置身在幸福体验中，同时也在实现结果性幸福生活的过程中，心流当下和美好未来就这样都实现了呢。

觉察笔记 24　幸福生活的三张地图

1. 第一张地图：幸福生活内容清单。

我的幸福生活内容清单：______________________________

____

______________________________。

2. 第二张地图：风险清单。

我的幸福生活“风险清单”：______________________________

______________________________。

3. 第三张地图：行动计划清单。

我的幸福生活行动计划清单：______________________________

______________________________。

三、按下生活重启键

在实现幸福生活的过程中，随着时间的推移，我们早已脱胎换骨，越来越接近自己想成为的人。我们的生活开始渐渐呈现出幸福生活的模样，在置身幸福生活的每分每秒中，我们在雕刻自己，在构建生活。在实现幸福生活的每分每秒中，我们主动选择幸福，获得当下幸福体验，实现未来愿景生活。

如何实现幸福生活？不难，找到幸福生活方向，慢慢去做就是了。时间有答案，急什么呢？事实上，这件事也急不得。你今天生活的样子，是过去时间的累积，今天的自己是过去 10 年、5 年、3 年、1 年、甚至是昨天选择并行动的结果状态，今天的生活选择就是未来你生活的样子。喜欢现在的自己和生活，就投入其中，沉浸当下。如果想要改变生活现状，实现幸福生活，你当下就可以做出改变，生活的选择权永远在自己手中。你主动选择幸福，就随时可以开启幸福生活。

如果此刻的你产生了改变生活状态的欲望和冲动，可以尝试回答以下问题，这 10 个问题的答案可以为你带来真正的生活改变：

1. 你希望 10 年之后的自己过什么样的生活？

2. 你真正看重的是什么？

3. 你认为什么价值观最重要？

4. 你想要什么类型的工作？

5. 你的生活优先事项是什么？

6. 你是怎么规划当下和未来生活的？

7. 怎么能够确保你的时间和钱花得让你感觉有意义？

8. 你理想的居住地是哪里？

9. 什么样的物质和财务生活对你和家人来说最重要？

10. 你想让孩子经历什么样的家庭生活？

尝试写下以上问题的答案，不需要深入思考，按照你的第一直觉去回答。回答完，看着这些问题和自己写下的答案，看看自己有什么感受。你会发现，有些问题体现的生活内容的改变仅仅是想想，有的改变已经开始了，有些则不必改变。要注意，以上问题不需要都回答，也不需要立刻回答，你可以带着这些问题投入生活，这些问题相当于生活方向探索，在你探索过程中，你会找到自己想要的幸福生活方向和具体内容。探索的过程也是自我理解的过程，尝试回答这些问题也是对幸福生活的探索。

你还可以尝试从结果性目标维度来设定幸福生活方向，目标导向的幸福生活动力更足。比如"3 年后你的生活模样"，你可以尝试在认知笔记上写出下面三个问题的答案。

3 年后我会成为谁？ ____________________

3 年后我在做什么？ ____________________

3 年后我的生活是什么样？ ____________________

看着"3 年后你的生活模样"内容，问问自己，为了实现这个目标，你准备放弃哪些自己根本不喜欢的东西？为了实现这些生活内容，你准备做出那些改变？为了实现幸福生活，你准备如何鼓励自己获得核心自信？最关键的是，你决定从此刻开始行动，构建和实现幸福生活。

在你写下这三个问题的答案时，请同时记录下时间，你创建了幸福生活的高阶版本。幸福生活内容是此刻你心中想要的生活模样，是以此刻认知为基础的幸福生活方向。当你在生活中加入强烈的改变欲望、成长动力以及明确想要的目标后，幸福生活的高阶版本就开始启动了，这是目标导向的幸福生活。

时间不长，可以等待答案。在这 3 年里，你就是要持续去做，迭代幸福信念、提升幸福觉察和实施幸福行动，用幸福行动将时间资源转化为可以重构大脑的幸福体验，持续获得幸福体验就会转变为大脑中可持续的内在心理资源，不断提升幸福能力，实现幸福生活。很多小小的幸福行动努力会随着时间推移而不断累积，很多小小的美好体验不断内化，在大脑中重塑幸福的样子，幸福生活就是这样开始的。慢慢来，时间有答案。

时间是友好的，因为公平均等、不急不慢，投到哪里，哪里就会有结果。很可惜，很多时间曾被虚度；很遗憾，很多时间用错了方向。但是，很幸运，我们还拥有当下和未来。当下这个时间点你幸福了，随着时间推移，从此刻到未来的多个幸福时间点就汇集成了幸福时间段，幸福生活就慢慢展开了。

我们相信时间有答案，笃信生活终究会成为自己心中想要的模样，以及自信心中向往的幸福生活一定会实现，并在幸福行动中慢慢去做，剩下的交给时间吧。

时间总是有答案。它会以各种形式提醒你，打醒你，匡正你，直至你找到属于自己的幸福生活方向，时间开始发力，各种资源会搭载在时间列车上来到你身边，帮助你实现幸福生活。实现幸福生活的持久动力一定是来自你心底对生活优化的渴望，请务必牢记：进化自己的选择权永远在自己的手里。“我值得”更好的生活和“我渴望”更有趣的生活体验，这是改变生活的信念动力，是开始幸福生活的起点，更是时间提醒你在幸福生活方向上的重要幸福信念。

重启生活，从来不晚。

2021 年，我 40 岁了，开始了新的生活方式。我开始置身于心中想要的幸福生活中，可以体会到当下心流和未来美好的幸福体验，时间总是在提醒我：此刻就是内心想要的幸福生活。幸福生活状态不一定需要外在生活形式发生大的变化，比如搬家或者辞职，而是内在心理状态和幸福能力的变化。当然，外在生活环境和形式的变化也是幸福生活中的一部分，但最终是要在内心实现幸福生活的状态类目标和获得幸福体验。

重启生活，实现幸福生活，从来不晚。从当下开始选择幸福，自己度过的每一天都可以是幸福生活的样子。即使生活常常带来“意外”和“打击”，我们主动选择接纳，活在当下，体验生活，选择将注意力从关注负面体验转向幸福生活内容，逐渐恢复内在平静和放松，投入学习和成长中，从而获得持续生活在幸福生活中的能力，这样我们就能始终置身在幸福生活中。

请你主动选择并笃信“我值得”的幸福信念，接纳生活给予的一切，或“好”或“坏”，停一停，拍拍尘土，勇敢前行。改变生活的力量始终在自己内心，实现幸福生活的能力同样在内心深处，生命力量的源泉来自丰盈的内在，不在他处。将向外索取的心理能量收回来吧，实现幸福生活的一切答案都在自己内心深处，那里有重启幸福生活的按钮，按下它，幸福生活就开始了，而“幸福生活是否能够实现”这一问题的答案，时间会给出来。

本章小结（见图 8-1）：

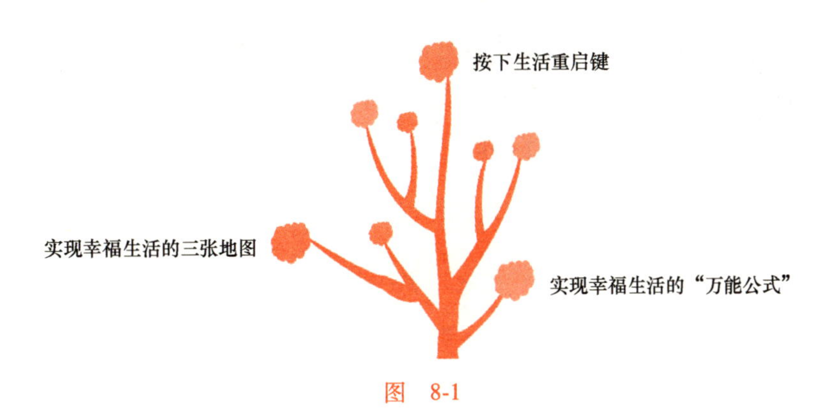

图　8-1

acknowledgements 致谢

感谢你能读完本书，希望你获得选择幸福的勇气，助力你获得幸福体验，实现幸福生活。在实现幸福生活的过程中，我和本书会一直陪伴你。请务必记住：你值得幸福。内心平静，放松前行。

感谢我女儿给我无私的爱，跟她在一起，每一秒都是生命馈赠给我的幸福时刻；感谢我妈妈和我先生，理解我并支持我；感谢我最亲爱的表姐时时给我的心灵陪伴；感谢好友国芳20年的信任和共同成长；感谢郭飞老师一直以来的肯定和认可，以及不断的鞭策和鼓励；感谢刘惠民老师给我的关照和陪伴；感谢我的同学和好友们对我的高度信任和全力支持；感谢一起读书会的书友们，谢谢你们的陪伴和正向反馈。感谢所有帮助过我的朋友们。感恩遇见！

感谢我自己，完成本书。在低谷处，沉浸学习、自我成长，从没有放弃过对幸福生活的追求和行动；在平静时，活在当下，置身幸福生活。

幸福生活，随时开始。

人生40岁，花开正适时。

参考文献

[1] 塞利格曼. 持续的幸福［M］赵昱鲲，译. 杭州：浙江人民出版社，2012.

[2] 托利. 当下的力量［M］曹植译，译. 北京：中信出版社，2016.

[3] 希克斯. 吸引力旋涡［M］严丽娟，译. 北京：北京燕山出版社，2019.

[4] 契克森米哈赖. 心流：最优体验心理学［M］张定绮，译. 北京：中信出版社，2017.

[5] 海. 生命的重建［M］徐克茹，译. 北京：中国宇航出版社，2008.

[6] 塔勒布. 黑天鹅［M］万丹，刘宁，译. 北京：中信出版社，2019.